智能照明设计与应用

姜兆宁　刘达平　著

江苏凤凰科学技术出版社 · 南京

图书在版编目（CIP）数据

智能照明设计与应用 / 姜兆宁，刘达平著. — 南京：江苏凤凰科学技术出版社，2023.6
ISBN 978-7-5713-3557-1

Ⅰ. ①智… Ⅱ. ①姜… ②刘… Ⅲ. ①照明设计－智能控制 Ⅳ. ①TU113.6

中国国家版本馆CIP数据核字(2023)第086694号

智能照明设计与应用

著　　者	姜兆宁　刘达平
项目策划	凤凰空间／翟永梅
责任编辑	赵　研　刘屹立
特约编辑	翟永梅
出版发行	江苏凤凰科学技术出版社
出版社地址	南京市湖南路1号A楼，邮编：210009
出版社网址	http：//www.pspress.cn
总　经　销	天津凤凰空间文化传媒有限公司
总经销网址	http：//www.ifengspace.cn
印　　刷	北京博海升彩色印刷有限公司
开　　本	787 mm×1 092 mm　1／16
印　　张	10
字　　数	225 000
版　　次	2023年6月第1版
印　　次	2023年6月第1次印刷
标准书号	ISBN　978-7-5713-3557-1
定　　价	68.00元

图书如有印装质量问题，可随时向销售部调换（电话：022-87893668）。

前言

各位关注智能照明发展的从业者和朋友们，2020 年易来团队撰写的第一本图书《照明设计与应用》问世后，获得了众多读者的赞同和推荐。该书区别于其他主讲非智能灯具应用的传统照明书籍，重点介绍了照明设计进入智能时代后，如何通过设计智能场景来发挥智能灯具的潜力，从而提升光环境的价值。书中以小米智能家居系统为例，介绍了米家智能照明的配置和使用流程，帮助家装设计师和照明设计师进一步了解智能照明带来的新思路和实操案例。

时光荏苒，智能照明的技术和产品迭代可谓日新月异。我们看到，除小米外，越来越多的平台型厂家例如华为、百度、阿里等，也针对智能家居推出了各自的解决方案和技术路径。这不仅降低了智能家居的使用门槛，提升了其易用性，而且推广了智能照明在消费级市场（电子产品连锁渠道）的应用。由此，智能照明市场迎来了百花齐放、百家争鸣的新时代。智能照明已经成为众多消费者家装的标准配置。

同时，我们也注意到，对专业级的商用项目和高端定制项目来说，消费级市场的互联网产品不能有效满足设计师的需求。传统专业级智能照明项目常用的数字可寻址照明接口（DALI）、住宅和楼宇控制标准（KNX）等系统，也因其复杂度高、布线费用高、配置和维护门槛高等原因，很难成为设计师得心应手的好工具，因此在国内的普及率非常低，难以形成规模。

针对以上情况，我们作为智能照明行业的先行者，提出了几个非常关键的问题：能否真正大幅度降低设计工具的使用难度；如何让设计和产品部署的时间大大压缩；如何让设计的效果切实落地，实现“所见即所得”。这些都需要从底层逻辑来重新开发产品和设计工具，也对我们的工作提出了更高的要求。

针对这些行业问题，易来团队从 2019 年开始，潜心开发了面向专业装修市场的 Yeelight Pro 智能照明系统，这套产品围绕智能照明在专业应用领域做了大量有针对性的开发。例如提出了“照明设计所见即所得，设计完成即部署”的全新理念，让照明设计师无须关心照明系统的底层实现细节，直接在网页中即可完成商业空间中复杂度较高的照明场景设计和效果模拟，快速提供照度伪色图模拟和效果呈现。而且，网页端的灯具配置能够存储在云端，当项目交付的时候可从云端直接下载。所以，仅需电工上门，用很少时间即可完成智能照明项目的配置工作，极大地节省了时间和人力，同时有助于设计师将更多的精力放到设计方案和与客户的沟通协调，而非技术和调试的细节上。

自 2020 年 Yeelight Pro 智能照明系统进入规模交付以来，特别是完成家装改造节目《梦想改造家》中十几个出自国内知名设计师设计的项目（包括民宿、医院、养老公寓、大宅别墅、公共图书馆等不同类型物业）的交付后，我们深刻意识到，想要出色地完成一个智能照明项目的交付，不仅需要建筑设计、硬装设计、照明设计、场景设计、动线设计、电气设计等多个专业密切合作，而且需要深入了解用户的物业用途和装修风格。这是一个系统工程，也是一个需要在实践中不断打磨和提升的体系。围绕着用户体验的提升，我们将项目交付的关键环节进行了提炼和归纳，并且紧密结合 Yeelight Pro 产品，完成了这本全新的书籍，力争让读者能够通过书中内容的学习，形成一套完整的现代智能照明项目交付的理论系统和方法论。

我们还发现，在当前的室内装修市场上，用户和设计师往往忽视了在光环境方面的投入和设计。通过和专业设计师的合作，我们发现并不是设计师意识不到光设计的重要性，而是目前光环境设计的工具过于落后。在这个移动互联网普及的年代，日常的打车、支付、娱乐等诸多的生活体验都已经发生了天翻地覆的变化，而照明设计特别是智能照明设计工具的发展可以说是远远落后于时代，甚至远远落后于定制家具行业的。如果易来的产品能够给设计师提供“所见即所得”的设计体验和随心所欲的产品部署体验，我想它会大大加快智能照明在行业的普及速度。

让优质的光环境成为更多人可以享受的体验，是易来的使命和愿景。希望各位读者能够从本书中获取信息和信心，也非常欢迎广大读者给易来提出批评和建议，我们迫切希望听到你们的声音。

在本书的撰写过程中，我们得到了很多专家的支持，特别是战略合作伙伴酷家乐为我们提供了先进的实时灯光效果渲染平台，并获得众多协会专家、高校教师和照明设计师的大力支持。他们的支持，让我们的设计专业性得到多重保障。同时感谢在合作中给予我们认可和支持的知名设计师史南乔、孙华锋、谢柯、汪昶行、张耀天等。因为他们的支持，我们才能够快速地挖掘出让产品设计符合现场工地的需求，并确定以满足设计师的实际需求为产品提升的主要方向。

最后感谢李田、许愫瑶、史亚超、丁宜晨、张崇福等同事参与编写工作。感谢所有易来的同事们，没有你们夜以继日地工作，就不会有 Yeelight Pro 产品和这本书的诞生，我为和你们并肩作战感到骄傲。

易来首席执行官　姜兆宁

2023 年 5 月

目录

4　家居空间智能照明案例剖析

5　商业空间智能照明案例剖析

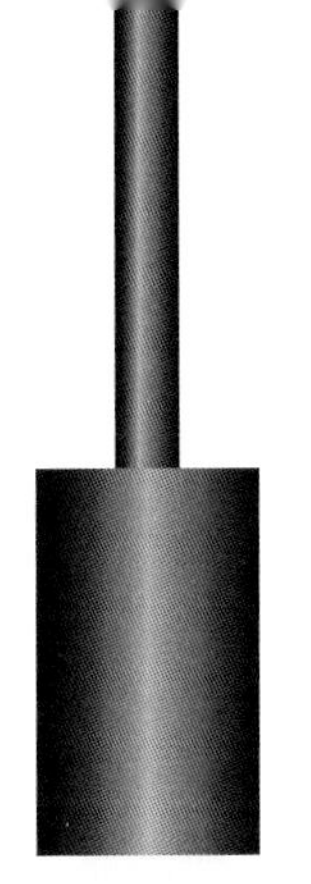

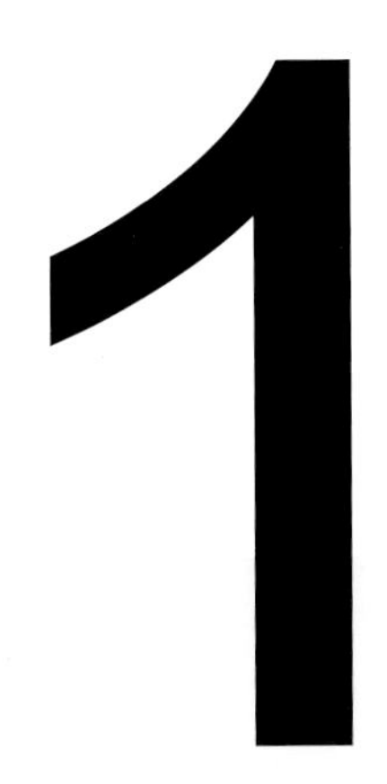

智能照明概述

▷智能照明时代的 4 点思考

▷选择智能照明的 6 个理由

▷家居智能照明和商业智能照明设计的区别

▷有线智能照明和无线智能照明

▷无线智能照明系统的核心

1.1 智能照明时代的 4 点思考

近年来，在万物互联的时代背景下，云计算、大数据、人工智能、物联网等前沿技术给照明行业的发展带来前所未有的影响，智能照明进入了飞速发展的时期。

一方面，5G、人工智能（AI）、物联网等技术全面赋能智能照明，打破现有智能照明局限，重新定义智慧照明的新未来。另一方面，通过集成 AI 技术赋予场景多重定义，呈现出光随心动、智能调节人体节律与光感知的崭新使用体验，并且将会引领未来照明的趋势。

1.1.1 什么是智能照明?

目前，行业内没有对“智能照明”概念的统一描述，但是大家普遍的共识是：智能照明是指利用物联网技术、有线或无线通信技术、电力载波通信技术、嵌入式计算机智能化信息处理，以及节能控制等技术组成的分布式照明控制系统，实现对照明设备的智能化控制。智能照明技术的应用，可实现灯光亮度的强弱调节、色温高低的调节、灯光软启动、定时控制、场景设置、智能传感器联动等功能。

所以说，智能照明产品不单指一个智能灯泡，或一个操作系统。准确地说，智能照明是一个系统型产品（图 1.1.1），包括控制单元（网关或服务器）、硬件产品（智能灯具、控制面板、传感器等）、软件产品（终端用户操作 APP、商家服务 APP 等）和服务系统（在线设计服务管理系统、服务流程跟踪系统、商业照明服务管理系统等）。

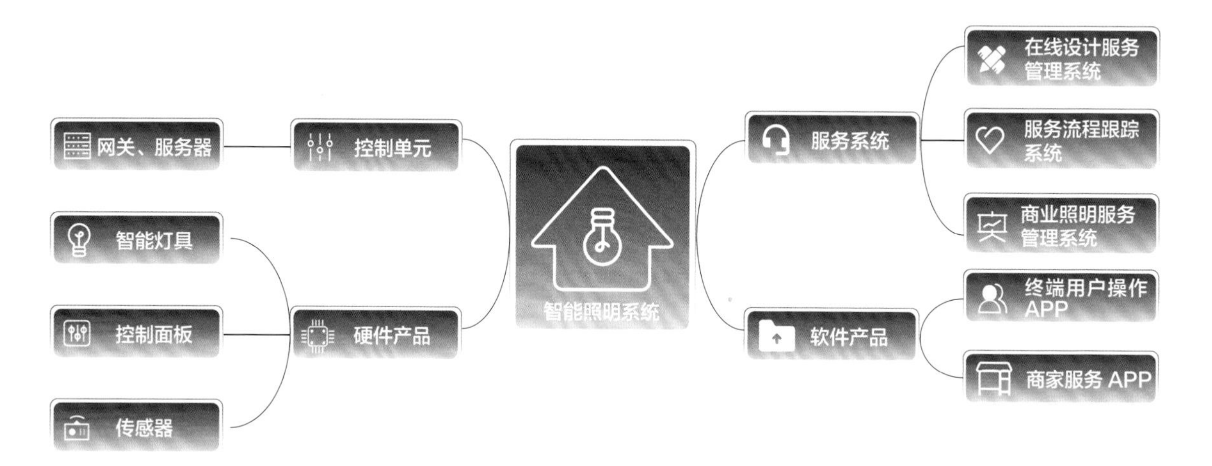

图 1.1.1　智能照明系统组成

1.1.2　智能技术的引入给照明设计行业带来的变革

智能技术的引入使原本控制形式单一的空间丰富起来，让光赋予空间更多意义，极大地提升了用户体验。在传统的照明设计中，设计师要对灯具的光色、功率等方面严格把控，由于不同厂家的灯具光色不同，故经常会严重影响照明设计落地效果。而且传统灯具无法调节亮度和色温，安装完成后再想进行调整就非常费力了。智能技术的引入使得灯具控制更加方便，灵活的色温和亮度调节让照明设计师可以得心应手地赋予灯光更多的可能。

智能技术的引入除对灯光效果有直接影响外，给安装环节带来的变革也很显著。首先，它大幅减少了各种灯具之间的差异性，设计师不会再为灯具功率、色温的点位对应问题而烦恼，极大地提高了安装环节的工作效率。另外，以前多采用布置信号线的方式来实现灯光控制，进入智能照明时代后，无线智能照明省去了信号线的布置，这给复杂的现场施工提供了极大的便利，有效降低了沟通及施工成本。

1.1.3　家居智能照明与智能家居的联系和区别

智能家居是比智能照明更广泛、更早被我国终端消费者所认知的概念。智能照明是智能家居的重要组成部分（图 1.1.2），除智能照明外，智能家居还包括智能安防、智能门锁，以及智能音箱等智能家电产品。之所以说智能照明是智能家居的重要组成部分，是因为智能照明所需的产品数量在整个智能家居产品类目中占比最高，在日常使用中也是最频繁的。

图 1.1.2　智能家居的组成模块

在整个智能家居系统中，智能照明和其他智能产品并非割裂的。目前可以通过多种智能家居接入平台（例如小米米家、苹果 HomeKit、Matter）将智能照明产品与其他智能家居设备连接到同一系统中。这种互联互通的功能，极大地提升了用户的使用体验。

1.1.4 智能照明行业现状和发展趋势

当前国内从事智能照明领域的品牌众多，也有越来越多的传统照明品牌转型或布局智能照明产业。目前从事智能照明行业的公司主要分为三类：一类是智能家居公司，可生产自有控制系统的智能照明产品；一类是只生产智能照明控制模块的公司；除此之外就是专业做智能照明解决方案的公司。往往专业做智能照明解决方案的公司，可以为终端用户和商业用户提供照明设计服务和软硬件产品。

与传统照明相比，智能照明可以实现安全、舒适、高效、节能的目的。近年来，随着国家应对气候变化，走可持续发展道路，宣布以实现碳达峰、碳中和为目标后，超低功耗智能照明产品预计将成为照明行业的主要发展趋势之一。智能照明具有色温、亮度可调，分区可控等优势，相比传统照明更加节能环保。但是，智能产品普遍存在待机功耗的问题，之前有很多欧美国家已提出智能灯具单灯待机功耗的要求，如北美国家要求整灯待机功耗应小于 0.2 W。相信随着我国智能照明行业向绿色、健康的目标发展，超低功耗智能照明产品将成为行业主流。

1.2 选择智能照明的 6 个理由

智能照明系统的基本目标是为人们提供舒适、安全、方便和高效的光环境，提升人们的生活幸福感。智能照明系统能解决传统照明的使用痛点，并且在功能性、易用性、节能减排和人机交互等方面占有优势。一套专业、高级的智能照明系统，主要有以下 6 点特征和优势，这也是目前更多用户、更多商业场所选择智能照明而非传统照明的理由。

1.2.1 个性化的场景体验

智能照明设计师在制作家居照明设计方案时，会综合考虑家庭成员的年龄、生活作息习惯、对照明使用的特殊要求等，搭配适合每个家庭成员使用的场景。此外，智能照明系统的场景可由设计师或者用户自行更改设置，一套灯具系统就能满足全家人的生活需求。用户可以将灯光一键切换到预设的场景，例如餐厅可设置日常模式、聚会模式，客厅可设置休闲模式、观影模式等（图 1.2.1）。

餐厅：日常模式

餐厅：聚会模式

客厅：休闲模式

图 1.2.1　不同空间的智能照明个性化场景模式

1.2.2　多样化的控制方式

在智能照明发展过程中，控制方式也在不断升级。传统照明的控制方式为单开的面板开关，只控制灯亮和灯灭；再发展到旋钮调光开关，可调节灯的亮度；后来可通过遥控器来控制灯的色温和亮度。随着移动设备的普及和人工智能技术的发展，控制方式更加智能化。如图 1.2.2 所示，通过手机 APP 以及智能音箱来控制，已经成为现在智能家居产品的标配。另外，无线智能情景控制面板和智能开关，虽然保留了传统人机交互方式，但比手机 APP 操作更加直接、便捷。无线安装的方式，也使面板和开关的应用场景更加灵活。

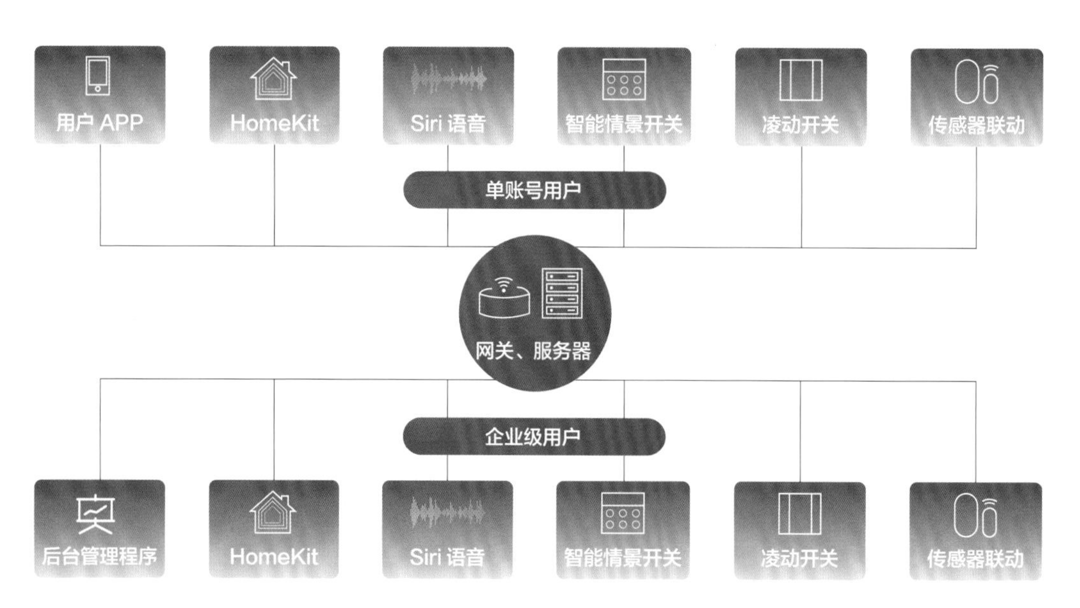

图 1.2.2　智能照明系统的多样化操作方式

1.2.3 自动感光和调光

各种传感器在智能照明中也发挥着重要的作用。比如，在办公楼宇的应用环境中，接入智能照明系统的光线感应模块能够测定工作面的照度，然后按照一定的规则自动控制灯具的开关，不需要人为调节。通过光线传感模块，能够提供一个相对稳定的视觉环境。一般来说，越靠近窗的位置，光线环境越好，需要人工照明提供的照度越低，但是整体照度能够满足设计需求。此外，这种照明设计可以最大限度地利用自然光，达到节能的目的。

1.2.4 节能减排，减少人为浪费

目前，各行各业中的传统照明系统造成的能源浪费现象非常严重，例如无论房间内是否有人，无论晴天还是阴天，室内的灯具都是打开状态，甚至有满负荷工作的灯具。智能照明系统能够对照明灯具进行集中管理和控制，通过客户端（移动客户端或者 PC 端软件）就可以实现照明灯具的亮度调节和场景切换。可能很多人认为智能照明的待机功率普遍较高，但得益于目前的超低智能待机功耗技术，有些专业智能灯具的待机功率可以低至 0.1 W，在保证智能功能不掉线的同时，真正做到更节能、更环保。表 1.2.1 以 120 m^2 的三室两厅房间安装 50 只筒射灯为例，对比采用专业智能照明系统和普通智能照明系统的待机能耗。

表 1.2.1 专业智能照明和普通智能照明产品的待机能耗对比

待机能耗对比	专业智能照明系统	普通智能照明系统
单灯待机能耗	0.1 W	1 W
单灯每年待机能耗	0.876 kW · h	8.76 kW · h
每户每年待机电量	43.8 kW · h	438 kW · h
每户每年待机电费 ［单价为 0.7 元 /（kW · h）］	约 31 元	约 310 元

资料来源：Yeelight 易来。

1.2.5 延长灯具寿命

LED 灯珠的工作环境温度越高，光衰越严重，灯珠寿命越短。相比传统灯具，智能照明控制系统能够调节灯光状态，不会造成灯具满负荷工作，从而可以降低灯具的环境温度，延长灯具的寿命。智能照明系统通常能使光源寿命延长 2~4 倍，不仅节省了大量灯具，而且大幅减少了更换灯具的工作量，有效降低了照明系统的运行费用，同时避免了处理废旧灯具带来的环境污染等问题。

1.2.6 舒适与健康

光环境的好坏在一定程度上还会影响人的激素分泌和昼夜节律，从而影响人的健康状态。亮度可以随使用者的生活节奏进行调整的光才是安全、舒适的好光。通过光环境的调整，人的身心可以保持在最佳状态。比如，清晨用缓缓亮起的灯光模拟日出，唤醒我们的身心；上午 9 点的办公室用冷白光照明，为我们注入能量，提高工作专注度；晚上用暖黄光让我们从一天忙碌的工作中放松下来，拥抱家庭生活。

1.3 家居智能照明和商业智能照明设计的区别

照明需求是人类长久以来最基本的生活需求，所以智能照明可应用的范围十分广泛。目前，从应用领域来分类，可将智能照明分为商业智能照明和家居智能照明。商业智能照明起步较早，在高端酒店、商务楼宇、餐饮店、零售店、会展场馆等公共区域都有应用。

家居智能照明的发展起步较晚，但发展速度迅猛。随着智能照明研发技术的发展，智能照明产品从安装到使用都更加容易上手。伴随着各大物联网平台对智能照明产品推广力度的不断加大，智能照明会越来越贴近普通消费者。每个人都能在家动手搭建一套专属的智能照明系统，和家人共享智能好光。

1.3.1 家居空间和商业空间智能照明设计的区别

由于目标用户需求、项目预算等方面的不同，家居空间和商业空间智能照明设计的侧重点也有所不同，主要表现在以下 3 个方面：

① 个性化需求程度不同。

家居空间个性化程度较高，特别是业主个人主观需求较多，也更多样化，所以在家居空间智能照明设计过程中，需要充分了解住户的个性化需求，例如家庭角色不同、职业不同、年龄不同的人，需求也不尽相同。与之相反，商业空间照明反而逐渐趋于一致，例如商场的明亮、餐厅的优雅、影院的静谧等都是普遍的需求。这些特定区域有着固定的作用，作为设计师可以主动向业主提出专业建议，以及用何种产品营造合适的空间氛围。图 1.3.1 为典型的商业空间照明设计案例。

② 灯具品质要求不同。

在使用灯具产品方面，相比于家居空间，商业空间产品使用强度大，维护系数低，必然对灯具质量要求偏高。经粗略计算，商业空间照明灯具一年内的使用时间是家居空间的 2.5 倍以上，所以照明设计师为商业空间进行灯具选品时，也应重点注意灯具品质和使用寿命。

③ 控制方式要求不同。

在家居空间中，用户的主观意愿多样，必须实现随时随地多入口控制场景的模式，所以一般家居空间的控制设备种类和数量都相对丰富。而商业空间内的行为轨迹较为规律，控制模式也较单一，一般可

艺术展厅照明

办公室照明

餐厅照明

图 1.3.1　商业空间照明设计案例展示

以采取按照时间设置自动控制为主、手动控制为辅的控制方式。

1.3.2 家居空间智能照明设计重点

家居空间一般包含多个不同功能的场所，例如客厅、餐厅、卧室等。在针对家庭的智能照明设计过程中，设计师会根据各个房间不同的功能，结合实际使用过程对灯光的要求，进行灯光场景化设计和控制，打造优质光环境。以下是家居空间不同场所的照明设计重点（可以参考图 1.2.1 所表现的 4 种不同家居空间的灯光场景）：

(1) 客厅

客厅是会客的区域，也是家庭成员集中活动的场所，一般配有吊灯、射灯、壁灯、筒灯等，可以用不同的灯光相互搭配产生不同的照明效果，例如休闲、娱乐、观影、会客等场景模式。通常情况下，设计师可能会设定会客场景时吊灯亮度为 80%，壁灯亮度为 60%，筒灯亮度为 80%；观影场景时吊灯亮度为 20%，壁灯亮度为 40%，筒灯亮度为 10%。因为采用了调光控制，故灯光的照度会产生渐变的过程。通过控制面板或 APP 控制，可以随心所欲地变换场景，给人营造一种温馨、浪漫、优雅的灯光环境。

(2) 餐厅

餐厅是就餐的场所，可采用场景控制设定各种照明模式，例如中餐、西餐等多种灯光场景，给家人营造温馨、浪漫、高雅的就餐光环境。照明需要综合考虑环境因素，一般餐厅空间只要中等亮度就可以了，但餐桌上的亮度应适当提高，保证餐食的“色品”以及为就餐者提供充足的照度。

(3) 卧室

卧室是休息的地方，需要为用户营造一个宁静、温和、安详的环境，同时也要满足阅读、观影、清洁等不同活动的照度要求。此外，符合人体昼夜节律的光环境也是卧室照明设计中十分重要的方面。设计师应根据不同要求，调节出满足居住者身心健康、能减少疲劳的灯光效果。

1.3.3 商业空间智能照明设计重点

不同于家居照明重在场景化设计的特点，商业照明设计应考虑商业用户的使用环境和需求，其重点是系统设计。商业照明的系统设计一般会从设备集中管控和能源管理两方面进行。目前，专业的商业照明 SaaS（软件即服务，Software-as-a-Service）平台正是基于以上目的设计的。商业照明 SaaS 平台提供基于云端控制的全用户、全场景、全链条的照明解决方案，可满足家庭、商业及第三方开发者的需求，为地产、办公、酒店、零售连锁、教育等照明场景提供全面产品支持，方便快捷、绿色节能，并且能助力碳达峰、碳中和目标的实现。

(1) 设备集中管控

商业照明 SaaS 平台能够提供专业的设备集中管理控制，对设备进行单独控制以及区域控制，实现集中管控的目的，提高运营效率，同时降低商业运营成本。其基本功能有：

① 设备可视化控制：基于区域图示进行设备群控与单控。

② 设备状态监测：使用时间统计、故障状态及原因统计、离线提醒。

③ 设备故障报警及监控：通过多种方法及时通知维护人员故障情况（图 1.3.2）。

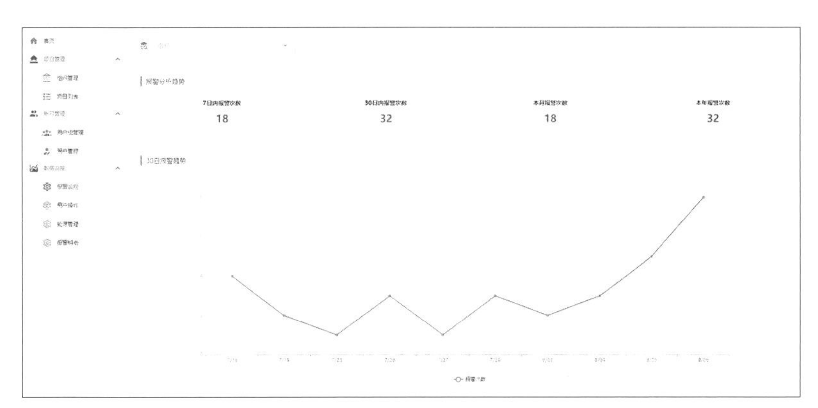

图 1.3.2　商业照明 SaaS 平台报警监控

（2）能源管理

商业照明 SaaS 平台在能源管理方面发挥了关键的作用，可实现节能策略自动化执行、自动化场景联动、能耗统计等功能。

① 节能策略自动化执行：预设节能策略及场景并执行。

② 自动化场景联动：基于天气、时间、传感器设备进行自动化联动。

③ 能耗统计：按年月日统计设备用电量，支持对比与环比（图 1.3.3）。

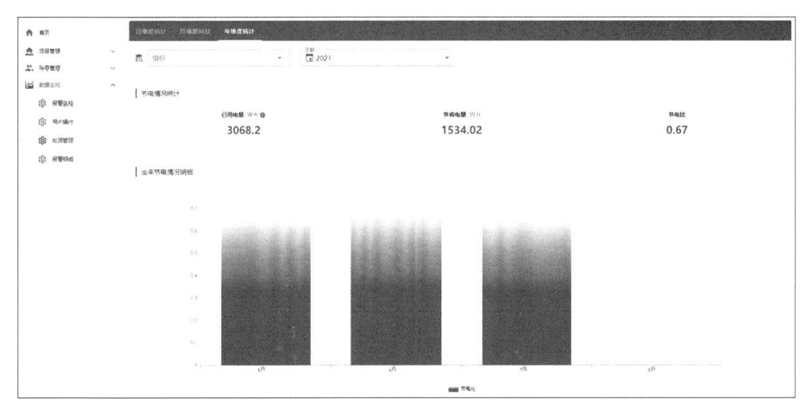

图 1.3.3　商业照明 SaaS 平台统计用电量

1.4 有线智能照明和无线智能照明

系统的稳定性是选择智能家居产品时需要考虑的因素之一。如果在稳定性上能满足产品性能稳定、系统运行稳定、线路结构稳定这三方面要求，就是一套合格的智能照明系统了。智能照明系统的控制方式有两种，分别为有线控制智能照明和无线控制智能照明。智能照明首先是从有线控制系统发展起来的，因其稳定性高，在早期得到了广泛应用，但由于有线控制系统在施工、维护等方面成本很高，在很多应用领域逐渐被无线控制方式所替代。

1.4.1 有线智能照明方案

首先，我们看一下目前主流的有线智能照明方案具有哪些特点，并将不同方案的优缺点归纳到表1.4.1中，便于对比分析。

（1）0 ~ 10 V 调光

0 ~ 10 V 调光控制是一种模拟信号调光，通过 0 ~ 10 V 的电压变化，改变电源输出的电流来调节灯光。目前主流 0 ~ 10 V 调光电源带有控制芯片，通过 0 ~ 10 V 或者 1 ~ 10 V 的调光器输出相应电压变化，芯片根据控制电压的大小输出大于 100 kHz、不同占空比的 PWM 信号的电流，将模拟信号转换为 PWM 信号。PWM 信号宽度的变化会改变电流大小，从而调节灯具的亮度值。

（2）DALI 总线数字调光

DALI 即“数字可寻址照明接口”，是“Digital Addressable Lighting Interface”的首字母缩写。它是一种仅用于照明系统的通信协议，系统内通过 DALI 总线进行通信，从而实现系统控制、状态反馈等功能。DALI 调光采用双绞线传递信号，每个灯具上的 DALI 电源都有独立的地址，会对发出的指令做出调光、回传参数等响应。

（3）RCU 总线调光

RCU 是“Room Control Unit”的缩写，意为“客房控制器”，属中高档酒店以及智能建筑、智能家居行业的专用术语，在酒店部署客房控制系统中使用较多。RCU 采用模块化设计，设计时考虑到各种工程实际情况，方便选用配套产品，并有强大的可扩展功能。

（4）RS485 总线调光

采用双绞线传递 RS485 信号，每个灯具上的电源驱动都有独立的地址，会对发出的指令做出调光、回传参数等响应。因为 RS485 协议只是规定物理层的电气连接规范，每家公司可自行定义产品的通信协议，所以采用 RS485 协议的产品很多，但不能相互直接通信，设备无法直接更替使用。

（5）PLC 电力载波调光

PLC 即可编程逻辑控制器，它采用一种可编程的存储器，在其内部存储、执行逻辑运算、顺序控制、定时、计数和算术运算等操作的指令，通过数字式或模拟式的输入输出来控制各种类型的机械设备或生产过程，用于照明系统时仅作为可控制灯具的开关。利用电力线传递数字信号，每个灯具上的电源驱动有独立的地址，会对发出的指令做出调光、回传参数等响应。

表 1.4.1　不同有线智能照明方案优缺点对比

各方案优缺点	方案名称				
	0~10 V 调光	DALI	RCU	RS485	PLC
优点	应用简单，兼容性好，精度高	单灯可控，稳定性高，支持 DALI 协议，均可兼容	可扩展性强，稳定性高	系统运行稳定，通信速率高	施工简单，无须单独布线，信号传输距离远
缺点	施工精度高，要求单独布信号线，线的长度导致降压	调试复杂，需要单独布信号线	布线复杂，需要专业人员进行维护	接线方式固定，需要屏蔽双绞线，单独穿管	系统必须在同一变压器下，需要单独穿管

1.4.2　无线智能照明方案

目前发展迅速又应用广泛的无线智能照明，按照其通信协议，又分为 Wi-Fi、Zigbee、NB-IOT（窄带物联网）、BLE Mesh（蓝牙）等方式（其各项技术指标对比见表 1.4.2）。这几类又可细分为两种：一种是基于互联网控制，与云端后台服务数据进行互联，例如 Wi-Fi；另一种是基于本地局域网控制，比如 BLE Mesh。通过本地局域网控制，不仅响应更快，而且即使网络断开也不影响控制。所以，本地局域网控制相对云端控制来说，是更加稳定可靠的控制方式。

表 1.4.2　不同无线智能照明方案技术指标对比

各方案技术指标	方案名称			
	Wi-Fi	Zigbee	NB-IOT	BLE Mesh
传输距离	15~100 m	30~100 m	1~10 km	0.01~1.5 km
网络吞吐量	54 bps~1.3 Gbps	20 bps~250 kbps	<200 kbps	125 kbps~2 Mbps
功耗	中	低	低	低
模块成本	<20 元	<30 元	<35 元	<10 元
可连接设备数量	单个路由器可连接 50 台设备	单个网关可连接 50 台设备	一个扇区可连接 10 万多台设备	单个网关可连接 150 台设备

（1）Wi-Fi

Wi-Fi 是当今使用最广泛的一种无线网络传输技术，可以在 2.4 GHz 和 5 GHz 两个频段工作，网络强度依赖于路由器距离。路由器与家庭使用共享网络，所以智能设备数过多可能会造成网络拥堵，严重降低设备体验感。

（2）Zigbee

Zigbee 系统由路由器、Zigbee 网关、路由节点和终端节点组成。Zigbee 有星形拓扑、树状拓扑和网状拓扑三种网络拓扑形式。

（3）NB-IOT

NB-IOT 是基于蜂窝网络的窄带物联网技术，支持物联网设备在广域网的蜂窝数据连接，是一种可在全球范围内广泛应用的物联网技术。

（4）BLE Mesh

BLE Mesh 采用局域网架构，设备与指定网关相连，网关与网关之间和网关与手机之间通过路由器组成局域网进行本地控制。系统内带有中继节点可进行信号的转播，系统稳定性极高。

1.5 无线智能照明系统的核心

在前一节中提到，无线智能照明系统目前正在得到广泛应用，同时也简要介绍了几种常见的无线智能照明系统。其中基于 BLE Mesh 协议的无线智能照明系统，因具有局域网优先控制、通信级别稳定、秒级控制反应、交互控制便捷等特点，十分适合应用在家居和商业智能照明场景中。本节将重点说明 BLE Mesh 无线智能照明的系统核心（本节之后的内容若无特殊说明，都将基于 Yeelight Pro 的 BLE Mesh 无线智能照明系统介绍）。

1.5.1 局域网优先控制

局域网优先控制，即用网关在本地控制所有灯具。这样做的好处是即使家里的外网（比如 Wi-Fi）断了，只要网关不断电，局域网就仍然平稳运行。家里的灯具全部通过蓝牙信号连接，不影响用户的用光需求。图 1.5.1 为基于 BLE Mesh 的无线智能照明系统的控制说明。

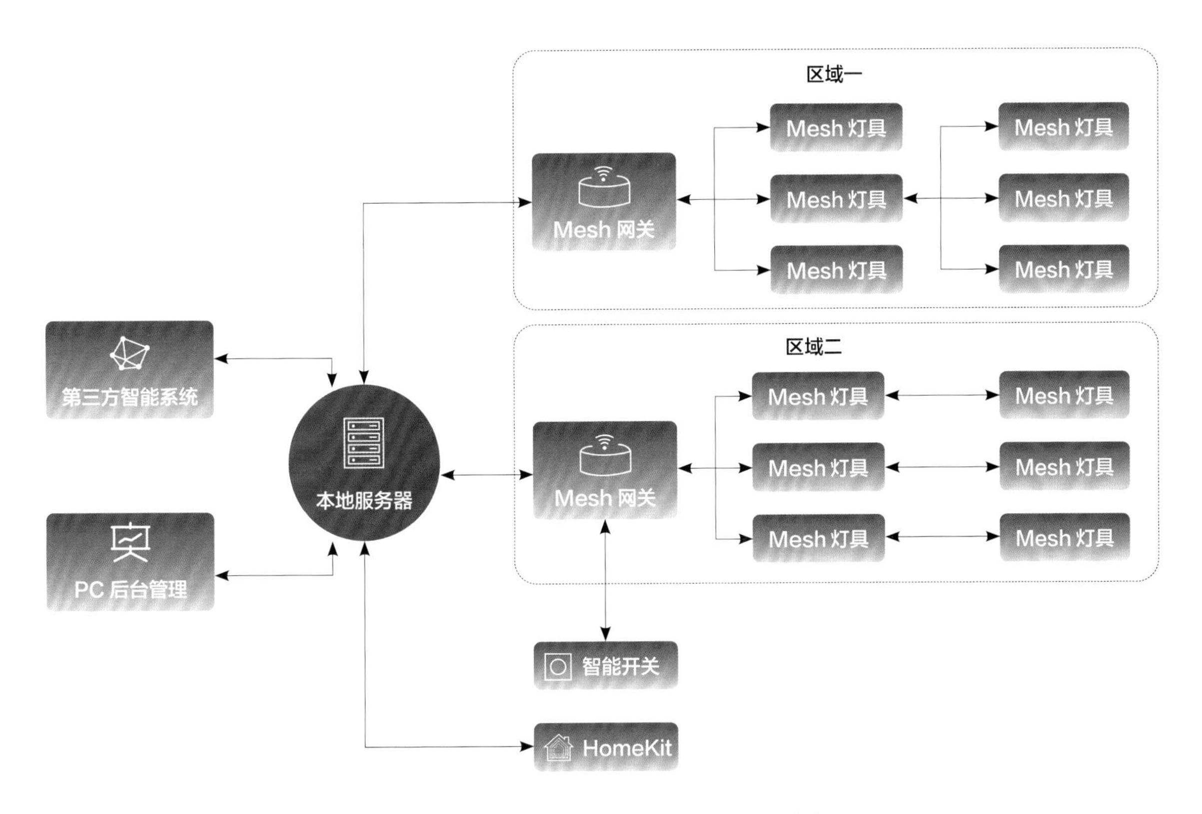

图 1.5.1　基于 BLE Mesh 的无线智能照明系统的控制（图片来源：Yeelight 易来）

1.5.2　虚拟层的控制设计

虚拟层的控制设计把物理设备和控制信号分开，这样的好处是所有的控制都可以灵活变换。比如在客厅里看电视设置影音模式时，要在客厅中间位置做亮度调节，只需在系统中将客厅中间位置的亮度设置为 30% 即可，不需要直接控制客厅中间的某个灯。另外，如果某个灯坏了，可以直接换一个新的灯装上去，而系统中的所有配置都不用重新设置，非常省心便捷。

1.5.3　通信稳定性高

单个网关可以连接多达 150 台设备，每个设备之间的响应速度是 100 ms 之内，所以几乎每个灯都是同时接到信号，响应是高度一致的。此外，系统的稳定性是极高的，接收信号的稳定性最高可达 99.9%。因为系统采用 BLE Mesh 自组网技术，也极大地增强了设备联网的稳定性，保证了单网关可实现稳定连接 150 台设备。除此之外，每个设备都可作为通信的中继节点，距离网关较远的设备，也可以通过信息的跳转连到网关，保证全屋灯具的通信质量。

1.5.4 安全性高

很多用户可能会担心家里的路由器账号和密码被盗取，导致整个系统无法使用。此系统采用的是标准 SIG Mesh 安全机制，可防止中间人攻击，杜绝窃听。另外，系统全链路采用了加密传输，APP 默认支持本地局域网控制，也是加密传输。蓝牙子设备、网关入网过程会进行云端或设备双向身份认证，采用非对称加密 ECDH 进行加密。所有通信模组在生产过程中采用“一机一密”的方式，即使（以物理方式）攻破一个硬件，对整个体系的影响也是极小的，最大限度地保护了用户隐私。

1.5.5 方便快捷自定义场景

作为面向终端用户的智能照明系统，系统是否可以灵活地设置灯光场景是十分重要的。无论是通过用户 APP，还是 PC 端在线照明设计云平台，系统都提供了丰富的场景自定义功能，为用户提供更加个性化的智能灯光体验。如图 1.5.2 所示的系统具备的场景自定义功能，包含场景添加、分组设置、单灯设置、一键还原设计师模式等，让场景自定义方便快捷。

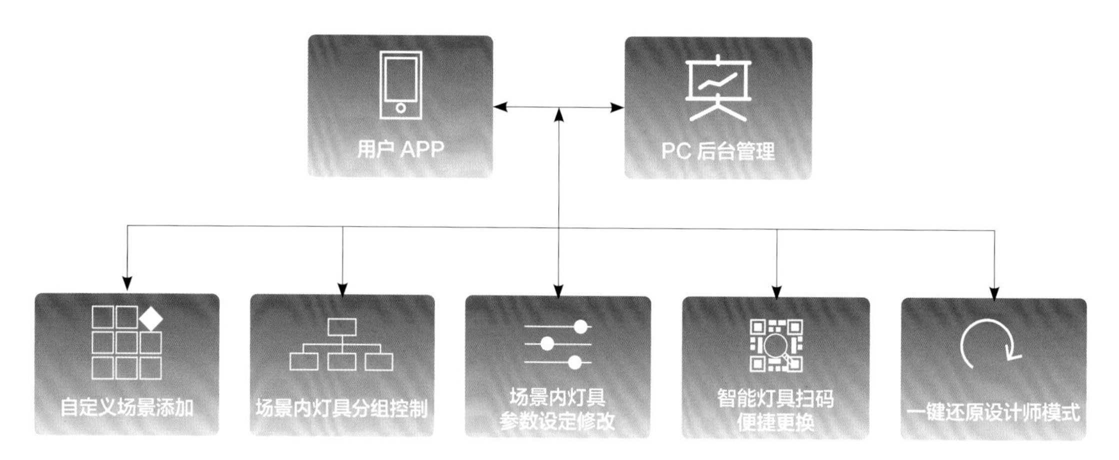

图 1.5.2　无线智能照明系统的场景自定义功能（图片来源：Yeelight 易来）

2 智能照明设计与实施

▷智能照明设计原则及产品特点

▷智能照明设计流程

▷智能照明项目设备安装施工标准

▷智能照明项目设备调试及情景配置标准

2.1 智能照明设计原则及产品特点

2.1.1 智能照明设计原则

（1）用户需求原则

目前，智能照明可以实现非常多的灯光场景设置，照明设计师不仅要向用户介绍功能的意义，还应根据用户真正的需求来做设计。比如有些用户并没有在家里看电影的爱好，但设计上做了“观影模式”，这属于典型的“画蛇添足”，无法满足用户真正想要的灯光体验。

（2）性价比原则

性价比是用户选择产品时考虑的重要因素。设计师要协助用户对比各种产品的价格和性能，在有限的预算条件下满足更多的需求。

（3）简洁高效原则

灯具的布线安装是否简单直接关系到成本和可维护性。一定要选择布线简单，且符合大多数人使用习惯的系统，以便后期维护、更换灯具等。

（4）安全性原则

一是系统的数据安全性，要保障用户的隐私安全；二是对用户直接接触的灯具产品，须保证低压供电，防止有触电风险。

（5）扩展性原则

用户在实际使用过程中，可能会有新的使用需求。所以，设计师应尽量做可扩展的设计，考虑后期增减灯具的便捷性，以及与智能家居的联动。

（6）绿色照明原则

虽然目前灯具普遍采用 LED 高效光源，但值得注意的是整个智能照明系统的待机功率，处于长期待机状态的系统也可能会有很大的电能消耗。

（7）健康照明原则

随着人们健康意识的提高，健康照明热度不断升温，如今已应用于家居、医院、商业等多种场所。在未来，健康照明会成为照明设计中最重要的原则。

2.1.2 智能照明产品需具备哪些特点

（1）集中管理

现代高层办公大楼中，人为造成照明能源浪费的现象非常严重，无论房间有人还是无人，都经常会有长期开着的灯，管理起来非常耗费人力物力。智能照明产品（图 2.1.1）可通过后台管理端对区域进行实时监控，达到“一人轻松管理一栋楼”的效果。

（2）自动调光

智能照明系统可以充分利用自然光和光线感应器，通过测定工作面的照度实现对灯具的调光控制。另外，有些人员短暂停留的区域完全可以用传感器实现“人来灯亮，人走灯灭”，达到节能的目的。

（3）快速实施

无线智能照明不需要布置信号线，这样既缩短了安装施工的时间，又节省了人工费用，发挥了布灯快、走线快、调试快的优势。

（4）耐用

目前 LED 光源的使用寿命普遍在 2 万小时左右，通过智能灯光控制系统能使光源寿命延长 2~4 倍，大幅减少更换光源的工作量，有效降低照明系统的运行费用。

图 2.1.1 智能照明产品

2.2 智能照明设计流程

与室内设计常用的 AutoCAD、3ds Max 等软件一样，照明设计也有可辅助使用的软件。目前，照明设计常用的效果图软件包括 SketchUp、3ds Max，光环境模拟软件包括 DIALux、Relux 等。但这些软件的学习周期长，使用门槛高，无法让更多设计师快速掌握专业的智能照明设计。所以，智能照明设计需要更加自动化、数字化和个性化的设计平台。本节以家居智能光环境设计为例，介绍智能照明设计云平台的功能以及设计流程。

在需求分析与灯光设计的阶段，用户可以与设计师一起通过云设计平台，亲自参与房屋灯光设计中。用户可以提出自己对家庭灯光使用场景的喜好、风格的需求等，并且可直接提供一份房屋的户型图文件。设计师针对用户的真实户型进行设备点位、灯光效果、智能情景的配置，配置完成后，可以直接生成专业的灯光伪色图、场景预览图、施工图和产品清单报价等图文信息，以及灯光效果动画、360° 漫游可视化灯光场景等视频信息，让用户真实感知不同情景模式下灯光的呈现效果。

2.2.1 智能光环境设计

登录智能照明设计云平台，进入方案设计主页面，点击“进入设计”后，即可开始方案设计（图2.2.1）。

图 2.2.1　智能照明设计云平台主页面

（1）空间设计

首先，设计师需要导入户型图，可以搜索户型库、导入 CAD、导入临摹图或者自行绘制户型图（图 2.2.2）。多种户型图导入方法让设计师免去了从零开始搭建空间的步骤，大大提高了工作效率。

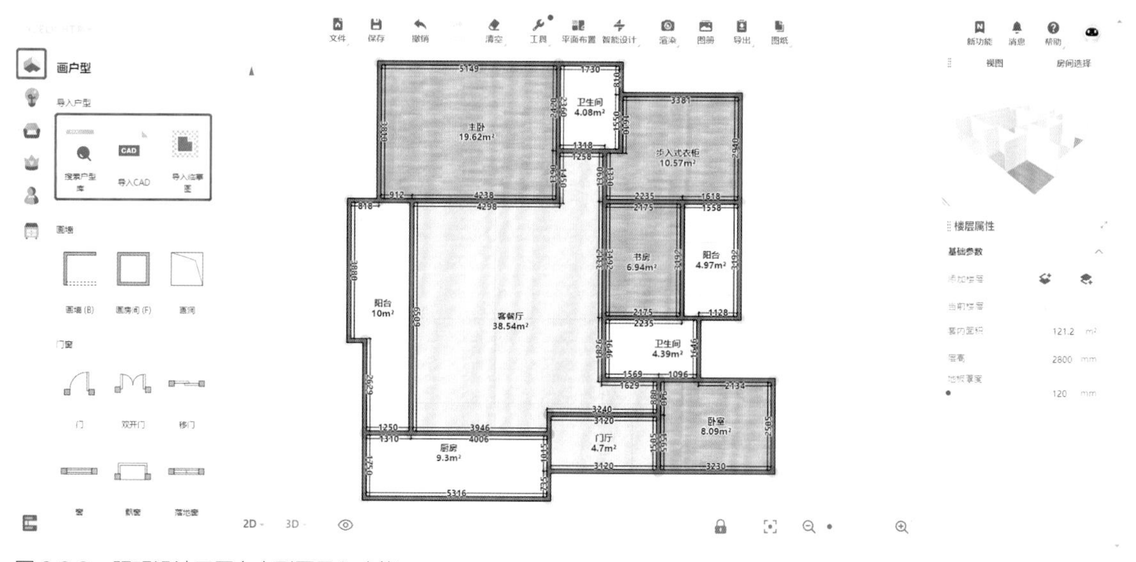

图 2.2.2　照明设计云平台户型图导入功能

同时，系统中的“灵感库”功能可为设计师快速搭建空间提供设计灵感、素材（图 2.2.3）。“公共库”中有丰富的硬装和软装家居产品可供选择（图 2.2.4）。因为灯光设计效果只有在完整的空间中才能展现出来，所以只有在前期搭建更接近实际装修效果的虚拟空间，才能让用户预先感受到灯光设计效果。

图 2.2.3　照明设计云平台的“灵感库”功能

图 2.2.4　照明设计云平台的“公共库”功能

（2）灯具点位设计

这一步的工作就是在天花布置灯具的点位。如图 2.2.5 所示，点击“照明设计”模块后，即可选择合适的灯具，在每个空间布置灯具点位。平台中可以充分体现灯具产品及灯光配光曲线，色温、亮度的设定均可调整，并可以进行任意拖拽布置，产品信息、参数齐全。

图 2.2.5　在照明设计云平台布置灯具点位

（3）添加网关

在“设备库”中选择网关，并放置在画布合适位置，最关键的是要关联到某个房间（图 2.2.6）。如果在这一步没有设置网关，或是关联到某个房间，就无法设置灯光场景模式以及进行智能化配置。

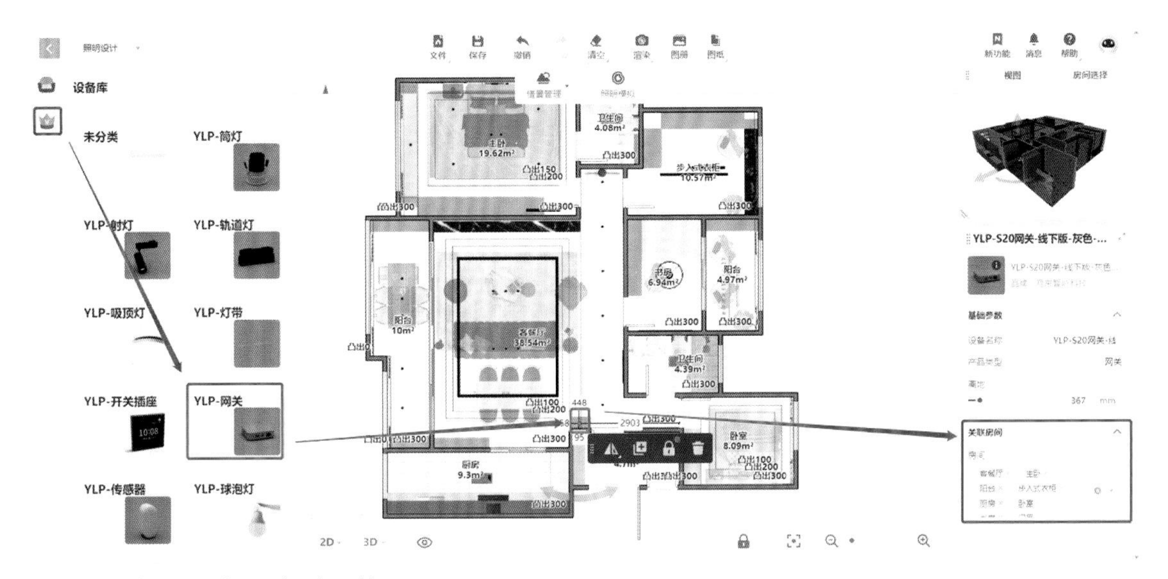

图 2.2.6　在照明设计云平台添加网关

（4）配置灯光情景

在配置灯光情景前，需要按照情景设置的要求，将不同空间的设备“分组”，帮助设计师快速根据分组配置情景（图 2.2.7）。然后点击“情景管理”下的“情景配置”选项添加情景。如图 2.2.7，以客餐厅为例，选中所在空间，这里可以选择空间内所有灯具的状态。若需设置“会客模式”，把客厅灯光亮度设置为 100%，色温调整到中等偏暖的 4000 K 即可。不同灯具的色温和亮度都要根据不同的场景需求进行调整，同时还可以设置灯具开启或关闭是否需要延时，以及灯光渐变的时长等（图 2.2.8），赋予灯光设计更丰富的效果。

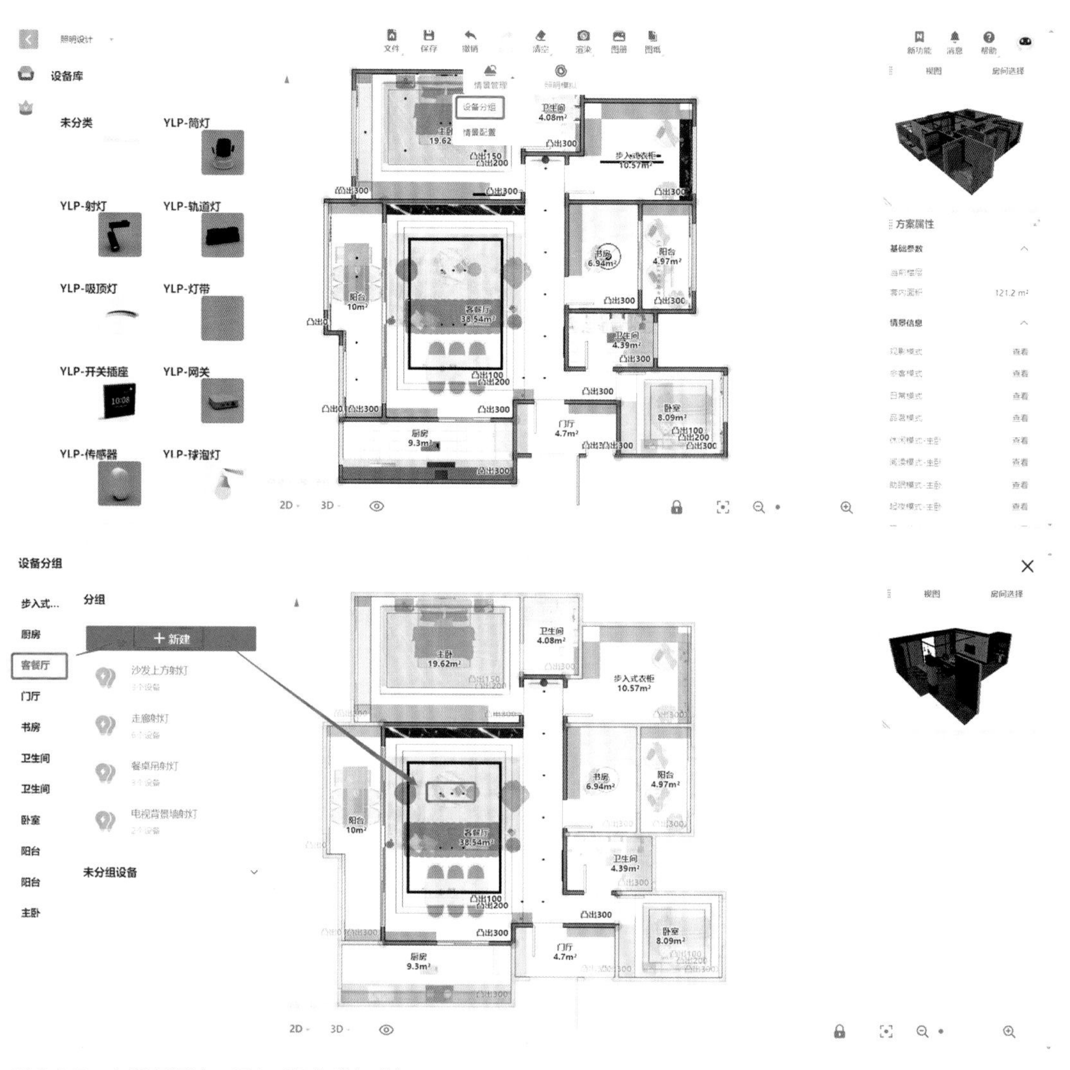

图 2.2.7　在照明设计云平台对设备进行分组

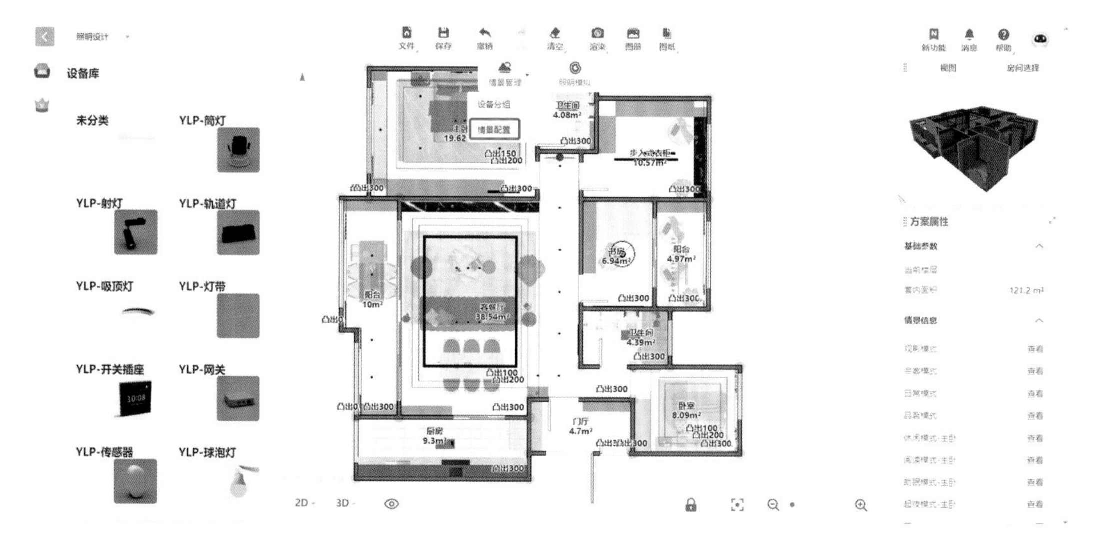

图 2.2.8　在照明设计云平台配置情景

（5）生成照明模拟图

选择“照明模拟”功能后，即可进入 3D 空间照明模拟界面。在上一步设置的各种灯光的情景模式都可以在这里呈现出模拟效果（图 2.2.9）。再通过不同情景模式的 3D 渲染效果（图 2.2.10），设计师和用户对灯光效果有了更直观的感受，这为设计师完善设计方案提供了便利，也能帮助用户判断需求的准确性。这就是设计云平台十分重要的功能，即让照明设计“所见即所得”。

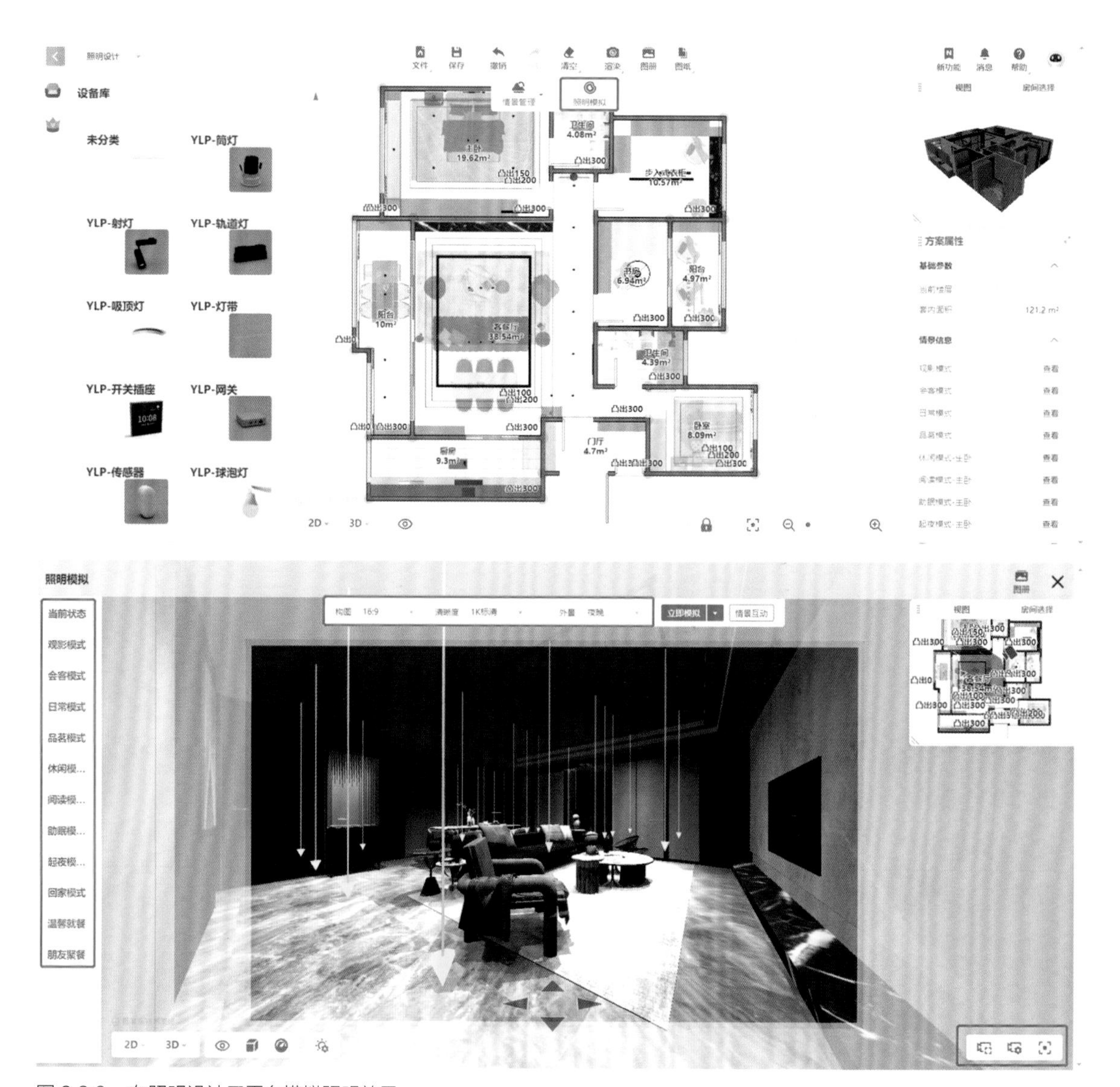

图 2.2.9　在照明设计云平台模拟照明效果

图 2.2.10　不同情景模式的渲染效果

2.2.2　智能化配置

光环境设计完毕，只是完成了智能照明设计工作的一半。接下来，就是根据用户的需求，设计灯光的智能化配置，这也是智能照明设计区别于传统照明设计流程的最重要的环节。回到照明设计云平台的首页，点击“智能配置”模块，即进入“智能配置中心”。在“智能配置中心”可以实现 5 个智能化配置功能：设备管理、情景管理、自动化管理、智能面板管理、区域管理（图 2.2.11）。

图 2.2.11　照明设计云平台“智能配置中心”功能介绍

这里，我们以设置定时状态下，执行智能灯光的“观影模式”为例，介绍智能化配置的步骤。如图 2.2.12 所示，首先设置具体的时间、执行频次和日期，操作如同手机设置闹钟。然后点击下一步“添加执行操作”，也就是可以选择执行某个情景模式或者控制某个设备开、关及调节亮度等操作。其他功能的配置步骤也相对简单易懂。

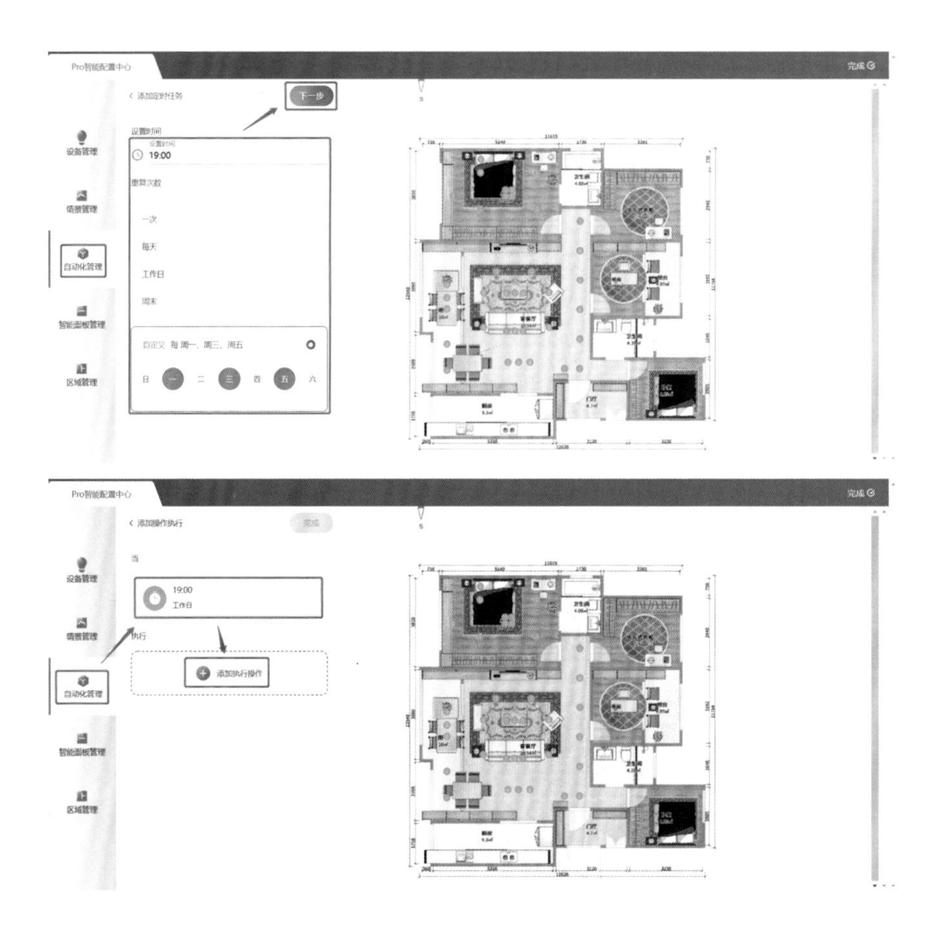

图 2.2.12　设置灯光模式的定时功能

2.2.3　生成智能照明设计方案

智能化配置完成后，可继续输出整套照明设计方案，包括灯光点位图、灯光效果图、灯光伪色图、产品清单等（图 2.2.13）。至此，智能照明设计云平台的基本使用流程就介绍完了。用户在收到完整方案并确认无误后，即可进入产品安装阶段。

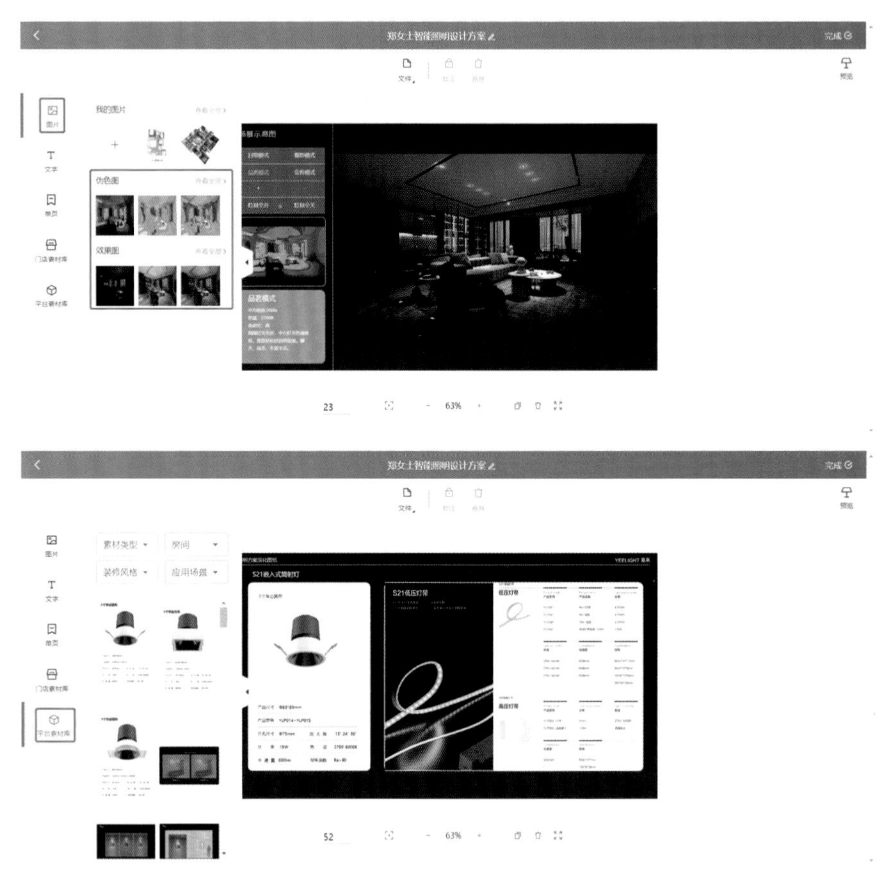

图 2.2.13　生成智能照明设计方案

2.3　智能照明项目设备安装施工标准

在智能照明产品技术和功能不断完善的同时，智能照明项目的实施标准也逐步形成。相对于传统照明项目的实施，智能照明项目的实施要求更高、流程更细、工期更长。那么，如何高效、高质量地完成智能照明项目，不仅考验项目施工方的现场实施经验和技术，而且是对智能照明设备易装性的考验。

相比有线智能照明产品，无线智能照明产品因为无须控制线的优势，可节省大量开槽布线的工序，是当前和未来智能照明市场发展的主流。因此，以无线智能照明为例，标准化项目实施可分为 3 个流程：设备安装、设备入网、设备调试及情景配置。本节首先介绍设备安装施工流程的标准。

2.3.1 设计工勘

此阶段的目的是通过项目实地工勘来面对面了解客户需求，为方案设计储备资料，更准确地把握项目特点。同时，工勘阶段可以明确现场装修进度并减少因用户资料信息不全导致的设计问题。

设计工勘内容包括:

① 工勘现场张贴施工水牌。

② 确认项目的施工进度，核实现场与平面图纸之间是否有出入。

③ 与施工方对接设计的吊顶高度，避免后续筒射灯无法安装。

④ 确定电气开关底盒是否预留零线(部分智能设备需接火线和零线)，窗帘电机处是否预留电源。

⑤ 确定放置网关处是否预留弱电线。

⑥ 多个角度拍摄现场照片进行存档留底。

2.3.2 项目交底

项目交底阶段主要为了把设计师在照明设计方案里的意图和想法向施工单位交代清楚，包括工程项目各方面的功能特点、工艺做法、材料使用、注意事项等，同时对施工单位提出的问题进行解答。

(1) 水电交底标准

水电交底阶段所需的标准化图纸：灯具回路图、设备布局图（图 2.3.1）。

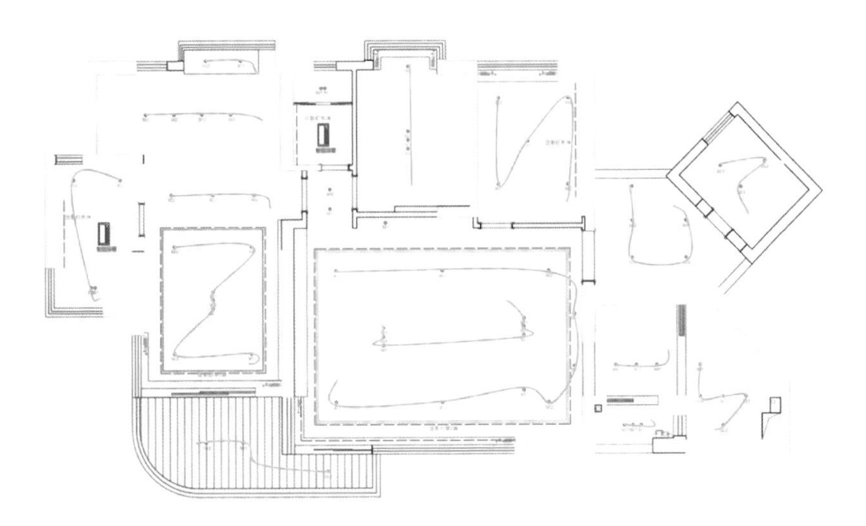

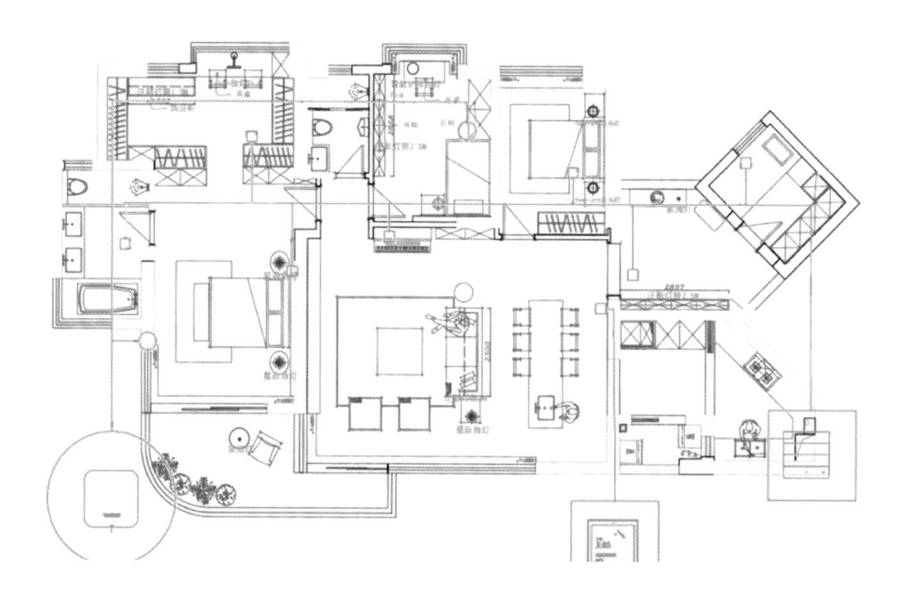

图 2.3.1　灯具回路和设备布局

强电交底内容：

① 严格按照灯具回路图预留电线，电线长度宜长不宜短；

② 零火版开关点位需预留零火线；

③ 窗帘电机插座应预留在靠近窗帘电机的墙体上，预留的位置要避免被电机挡住。

弱电交底内容：

① 根据设备布局图中的网关位置预留网线；

② 在房屋有多层的情况下，需要每层都预留一路用于接网关的网线；

③ 网线需使用六类非屏蔽网线、铜芯导体。

（2）木工交底标准

木工交底阶段所需的标准化图纸：灯具点位图（图 2.3.2）。

木工交底内容：

① 若安装嵌入式筒射灯，需要确认吊顶安装的预留高度，并确认吊顶的最低高度；

② 根据灯具点位图对筒射灯的灯口开孔，需严格按照开孔尺寸开孔，不得有误差，同一排直线上的开孔水平误差不得超过 2 mm；

③ 磁吸轨道电源和灯带等设备需提前预留好隐藏电源驱动和变压器的空间；

④ 磁吸轨道开槽需严格按照轨道尺寸进行，因轨道比较重，所以吊顶部分必须用厚度 8 mm 以上的木板或直接将螺钉打入龙骨内，严禁将轨道直接安装在石膏板或者铝扣板上；

⑤ 灯带型材开槽需严格按照型材尺寸进行，铝型材外沿需与最终外立面平齐。

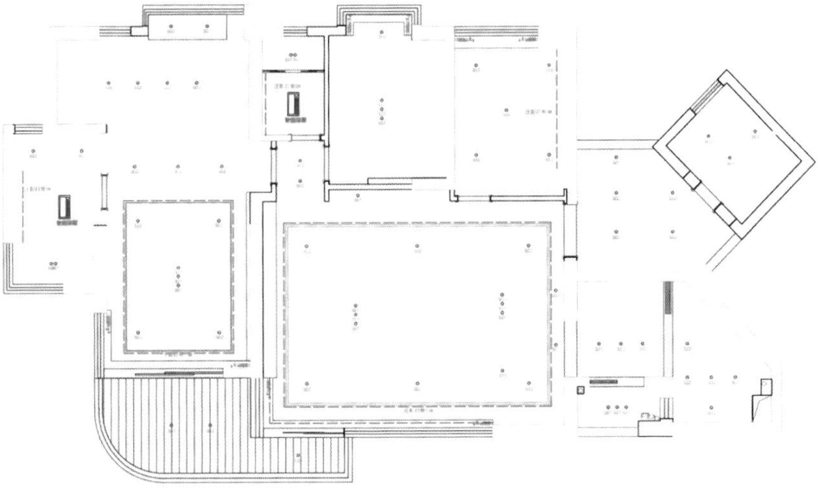

图 2.3.2　灯具点位图示例

2.3.3　水电阶段整改

对水电施工进行确认，排查开关、灯具、网关留线情况，尤其是网关的弱电预留，对不符合要求的地方进行调整，并进行拍照记录和标识牌更新。

2.3.4　产品安装交付原则

（1）安全原则

① 设备接线时，一定要切断电源，并且要在电源开关处做好标记，防止其他人误合闸；

② 严格按照电工作业标准安装接线；

③ 确保不要超过最大的功率负荷，禁止降低电线横截面积；

④ 由于卫生间湿气比较大，所用灯具应具有防水、防潮功能；

⑤ 针对空间中低位的灯带照明，需要考虑其驱动器接入的安全问题，注意隐藏驱动。

（2）稳固原则

① 当在砖石结构中安装电气照明装置时，应采用预埋吊钩、螺栓、螺钉、膨胀螺栓、尼龙塞或塑料塞固定，严禁使用木楔，且上述固定件的承载能力应与电气照明装置的重量相匹配；

② 如果是在石膏板上固定设备，则需要使用“飞机卡”膨胀管进行固定；

③ 磁吸轨道、无边框筒射灯的安装需要提前将预埋件安装至对应的位置，预埋件需要使用木方加固，

而不是直接在石膏板上施工。

（3）便于维护原则

① 磁吸轨道灯、灯带等的驱动电源一定要隐藏在便于维修、维护的地方，例如空调检修口；

② 线路应清晰整齐，便于在后续维护时，即使安装师傅和维护师傅不是同一个人，也可以高效便捷地解决问题；

③ 隐藏驱动时，需要考虑是否有信号屏蔽问题，尽量将驱动放在远离厚重墙体、密集金属的区域。

2.4 智能照明项目设备调试及情景配置标准

在所有智能照明设备安装完成后，就要进入下一个流程——设备入网，即将所有智能设备接入智能照明网络。在这一步，除用到所有智能灯具外，更重要的设备是智能照明系统的网关（控制中心），以及操作设备入网的APP。这里，我们以常用的无线智能照明配置APP为例，介绍设备入网的标准化流程。

2.4.1 网关入网

网关入网是添加设备的第一步。只有将网关入网后，才能继续添加其他智能灯具。网关入网的方式分为有线和无线两种，最常用且最方便的是无线入网方式。

可以按照图2.4.1所示无线入网步骤将网关入网：添加网关→扫描附近网关→确认要绑定网关的MAC地址（连接网关的无线网）→添加运行→添加完成。

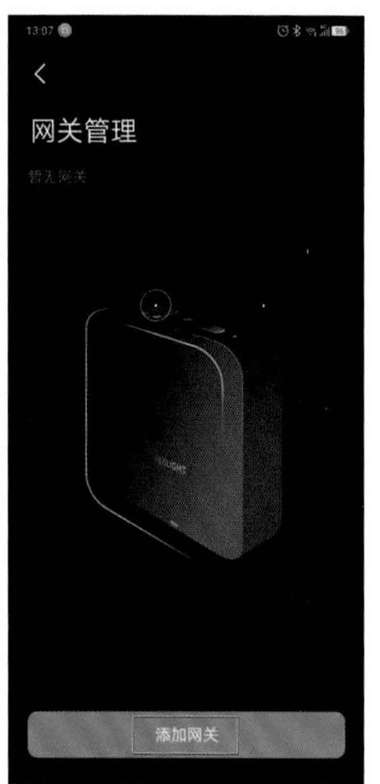

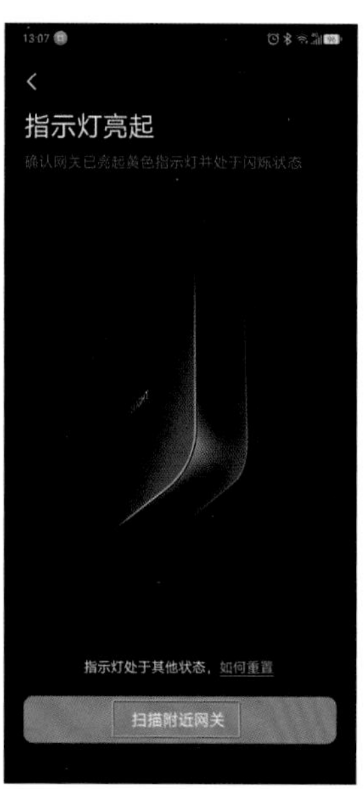

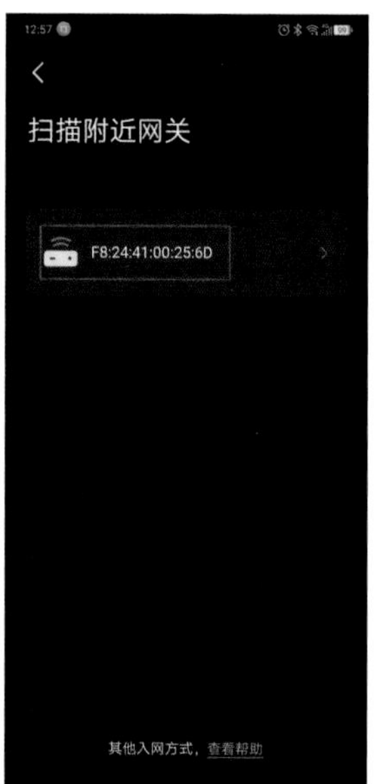

图2.4.1 网关入网步骤（无线入网方式）

2.4.2 灯具入网

灯具入网方式有两种，第一种是在设备安装过程中，扫描灯具驱动器的二维码，这种方式是将灯具依次入网；第二种是当设备安装完成后，不方便扫描灯具驱动二维码时，通过 APP 自动扫描附近蓝牙设备入网。下面介绍第一种灯具入网方式。

（1）添加网关后，需要在对应现场区域“创建房间”，再在对应房间里添加灯具设备。

（2）灯具具体入网方式如图 2.4.2 所示：添加设备→选择设备类型（蓝牙设备）→选择添加到的房间→扫描设备 MAC 地址→设置设备名称→点击全部绑定→完成。

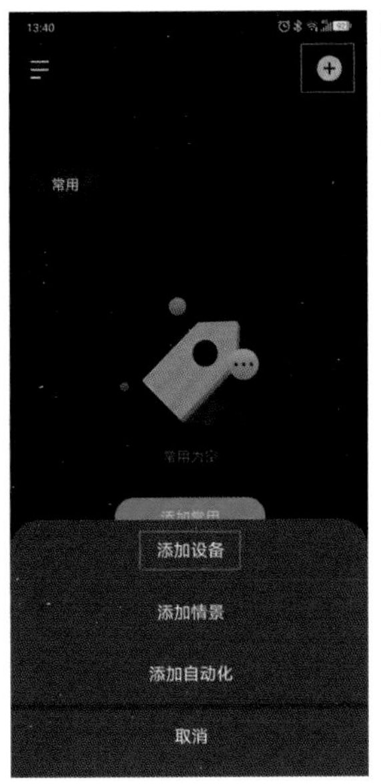

图 2.4.2 灯具入网流程

2.4.3 情景配置

将设备安装完成并入网后，接下来就是根据智能照明设计方案调试设备以及配置灯光情景。在这一步，可通过两种方式完成。一种方式是通过智能灯光设计云平台，预先设置灯光情景和智能联动。因为每个对应点位设备的情景配置在云平台设计过程中都已经完成，现场将设备入网即可。入网完成后，所有已设计完成的情景配置都已经从云端下载到设备上。这种方式很大程度上提升了大型项目和需要批量复制情景项目的交付效率。

如果事先未在设计云平台编辑情景，则可采用另一种方式，即将灯具安装并入网后，现场进行情景配置。如图 2.4.3 所示，在 APP 中有“房间情景快照”和“手动设置情景”两种配置情景的方式。“房间情景快照”配

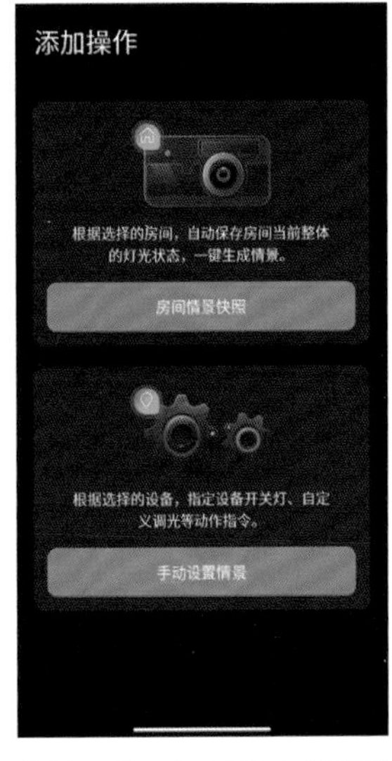

图 2.4.3 在 APP 中配置情景的方式

置方式更适用于封闭空间的情景配置，可根据选择的房间，自动保存房间当前的整体灯光状态，并一键生成情景。“手动设置情景”方式是根据选择的设备，指定设备开关灯、自定义调光等动作指令，故此种情景配置方式更多应用于开敞空间的情景配置。

在实际施工现场，使用更多的情景配置方式是手动设置。以图 2.4.4 为例来说明情景配置的流程，具体配置流程如下：点击“添加情景”→选择“手动设置情景”→选择设备→自定义调光配置（设置灯具的亮度和色温，多个设备需多次添加设置）→设置场景名称→完成。配置完成的情景模式会在对应房间情景区域中显示。

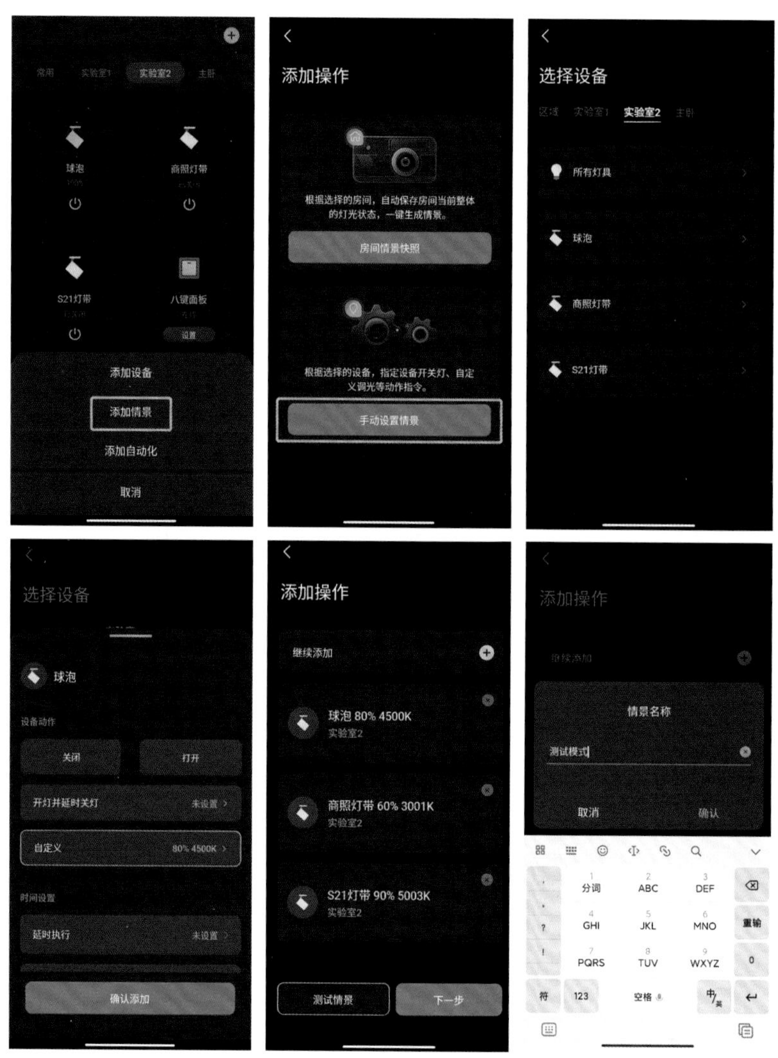

图 2.4.4　手动配置情景模式的流程

至此，本章详细介绍了智能照明设计和实施的全部流程。借助数字化平台技术和 APP 的便捷操作，智能照明设计和施工形成一套标准化流程，并因此得到了广泛的应用和推广。后面的内容将通过实际案例来全方位展现智能照明设计的应用。

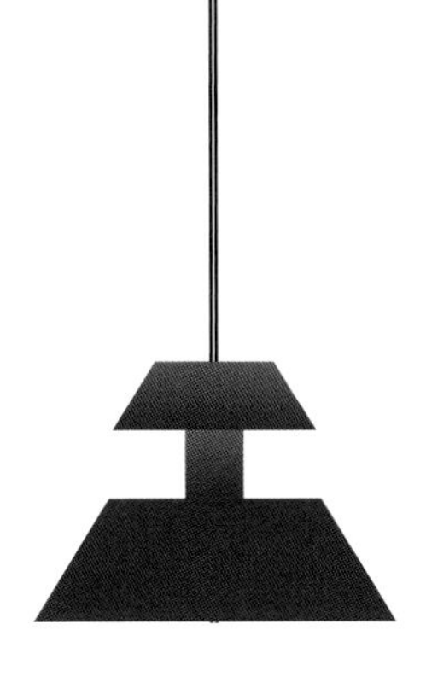

3 家居空间智能照明场景设计

3.1 智能照明场景设计综述

3.1.1 什么是智能灯具?

广义概念：一切可自动控制并满足特定照明需求的照明产品。除了现在逐渐成为主流的用物联网技术（Internet of Things，以下简称“IoT 技术”）控制的各种智能灯具和智能开关，也包含用红外或者雷达控制的灯具，如小夜灯、感应灯等。

主流观点：利用 IoT 技术实现灯光可控的照明产品。IoT 技术包括总线控制（DALI、DMX512、0 ~ 10 V 调光及 PLC 等）和无线控制（Wi-Fi、蓝牙 Mesh 和 Zigbee 等），可以使用多种交互方式（APP、情景面板、中控屏、语音、传感器等）实现灯具的开关、亮度、色温、色彩等状态的调整（图 3.1.1）。

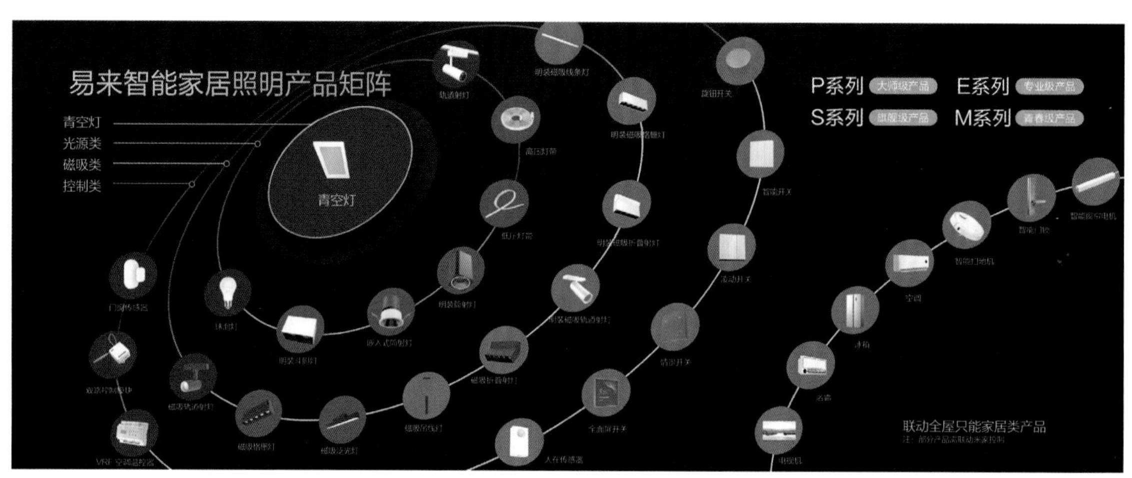

图 3.1.1 智能灯具图例（图片来源：Yeelight 易来）

3.1.2 智能照明与传统照明的区别

智能照明最早的应用是从基于总线协议的商用智能照明开始的。从 2012 年荷兰飞利浦的“秀”（Philips Hue）和国内 Yeelight 易来的蓝牙球泡灯起，采用无线物联网技术的智能照明行业开始起步。与总线智能照明相比，无线智能照明无论在成本、便捷性还是在维护性方面都表现出了极大的优势，经过 10 余年的发展逐渐成为家居智能照明领域的主流。

智能照明从一只可以用手机控制的球泡灯开始，经过不断的技术迭代和应用演进，如今已发展成为智能家居的刚性需求，销售模式也从最初的单品、套装升级为场景设计和全屋定制（图 3.1.2）。

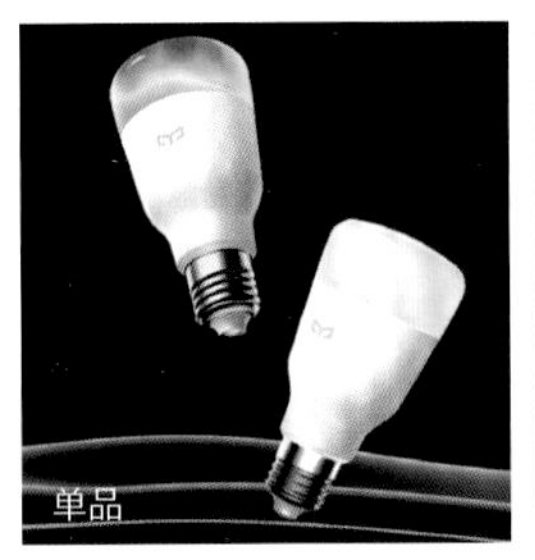

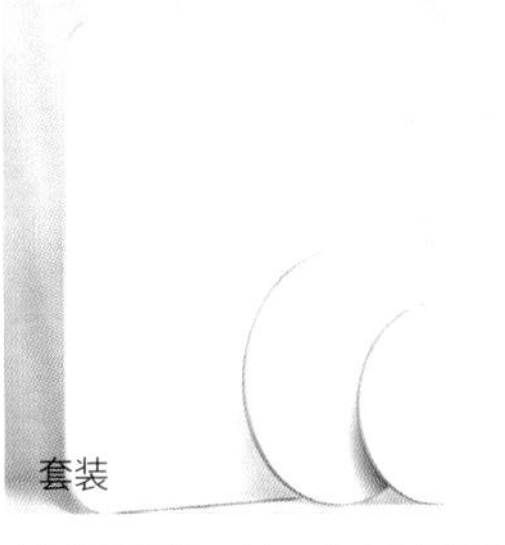

图 3.1.2 智能照明发展历程（图片来源：Yeelight 易来）

单灯时代的智能灯具，更多的是通过调节亮度和色温来改变照明环境，但无法从根本上提升照明的舒适度，直到近几年智能家居技术的成熟和无主灯照明的流行，把智能无主灯和灯光设计结合，极大地提升了照明的舒适度和环境的体验感。精心设计的智能光环境，可以满足家居和商用对光的健康、舒适、高级等诸多诉求，也可以有效地降低能源消耗，实现用户价值和社会价值的双重满足，也诞生了人因照明的新理念。

3.1.3 人因照明的概念及发展

人因照明（Human Centric Lighting）技术，指的是应用照明技术让灯光、气候和空间完美地融为一体，让人在身体、情绪等方面获得帮助，满足特定应用环境内人员的人性化用光需求。有人说它超越了智能照明与健康照明，但更准确地讲，人因照明是两者的部分结合体。

人因照明与智能照明的结合使室内照明体验发生了颠覆性的变革。传统照明注重灯光与空间的结合（图 3.1.3），而人因照明注重人与光环境的结合。

图 3.1.3 传统室内照明设计效果图（图片来源：网络）

由图 3.1.3 可以看出，传统的家居照明是基于家装风格和空间分布来设计的，优先考虑的是整个空间能呈现出的最亮照明效果。但用户真正入住后，反而很少会按图中设计来开灯，家里除了来客人，大多数情况下会只开一两盏灯或者某个回路的灯。核心原因是家庭生活中往往不需要太亮的照明，除浪费电之外，太亮的环境并不利于放松和休息。

用户在下班回到家至入睡前这段时光里，会有活动、就餐、看电视、阅读等不同的行为，不同行为所处的位置也不同，人因照明要满足的就是不同的人在不同的位置做不同的行为时所需要的光环境（图 3.1.4）。因为个体的需求差异性较大，设计师往往会基于一些通用的需求和部分个性化的需求来设计灯光，所以人因照明是通过场景化智能照明来实现的。

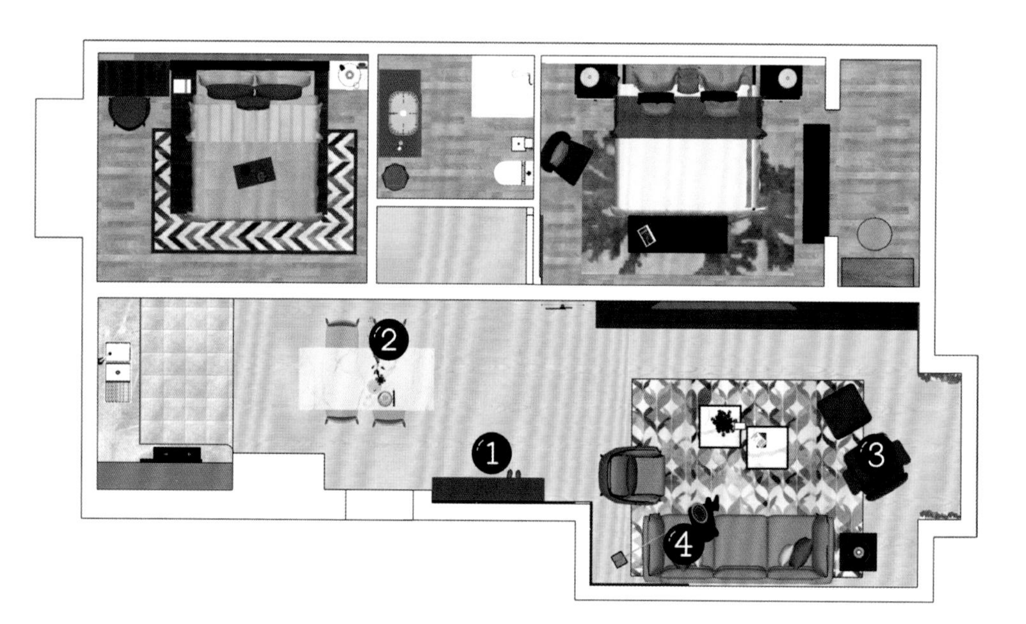

图 3.1.4 室内行为逻辑示意（图片来源：Yeelight 易来）

3.1.4　场景化智能照明的应用

传统照明设计受限于固定的色温、亮度和控制回路，一般只能满足小部分用户的需求，所以家庭照明中往往发生如下的尴尬场景：某个需求下发现开灯太亮、关灯太暗，或者明明屋里很亮，但是在这个位置看书光线就是不适合。这时就要依靠场景化智能照明来满足不同的个性化需求。

场景化智能照明会结合时下流行的无主灯设计，改变原先仅靠一个大功率吸顶灯或者吊灯来负责整个空间照明的局限性，采用分布式的筒射灯、斗胆灯、磁吸灯、灯带等灯具来重新构建室内照明环境，实现空间整体的光照均匀、光影的层次和重点区域的补光等效果。改成智能无主灯设计后，针对用户下班回到家中所希望看到的温馨和舒适环境，设计了日常模式，客厅内的灯光色温调整到 4000 K，亮度维持在 70%，均匀照亮整个房间，又不会有过于昏暗或过于清冷的感觉，能够满足用户大部分的日常照明需求（图 3.1.5）。

图 3.1.5　客厅日常模式效果（图片来源：Yeelight 易来）

当用户开始就餐时，可以根据就餐的人数来设置不同的就餐模式。当用户单独就餐时，整个餐厅的灯光不宜过亮，在一个明亮的空间内会凸显个人的渺小，加深独自就餐的孤独感。因此在单人就餐模式下，可以只开启就餐位置上方的射灯，色温 2700 K，亮度 100%，同时开启开放厨房位置的柜底灯带，色温 2700 K，亮度 30%，关闭其他的灯，只让用户就餐区域较亮而其他区域相对较暗，温暖的灯光会让餐桌小环境显得更加温馨，突出单人就餐的随意和舒适性，同时不会有孤独的感受（图 3.1.6）。

图 3.1.6 餐厅单人就餐模式灯光效果（图片来源：Yeelight 易来）

餐后躺在沙发上看电视时，可以关闭客厅顶部的直射光源，只开启天花灯带和机柜灯带，色温 3500 K，亮度 50%，灯带的亮度和电视机背光形成了 1 ∶ 3 ~ 1 ∶ 5 的亮度比，既不会因为屏幕太亮感到视觉疲劳，又不会因为灯带太亮影响观影效果。远端过道处可以保留一盏射灯，方便行走（图 3.1.7）。

图 3.1.7 客厅追剧模式灯光效果（图片来源：Yeelight 易来）

到了深夜，有的用户喜欢看书或者玩手机，同时所在位置也换到沙发的另一个角落。此时可以开启阅读灯，灯光调至色温 3500 K，看手机时的亮度调为 50%，看书时的亮度调为 80%。建议为用户配置一个可调光的旋钮控制器，方便调整至舒适的灯光。关闭其他灯具，仅保持灯带色温 3000 K，亮度 30%，营造舒适放松的休闲环境（图 3.1.8）。

图 3.1.8 客厅休闲模式灯光效果（图片来源：Yeelight 易来）

3.2 客厅常用照明场景设计

客厅是家庭成员休闲和会客的核心区域，也是灯光场景设计中最重要的区域。应基于不同家庭成员对灯光的需求来着重打造不同的智能灯光场景。

3.2.1 客厅灯具点位布局指南

客厅主要由中间位置、沙发位置、电视墙位置的筒射灯，以及周边的灯带和部分低位照明组成，所有灯具点位的布局是很有讲究的。

中间位置筒灯起到重点照明的作用，用于照亮茶几并形成光影的层次感，较高的照度能方便识别和拿取茶几上的物品。

沙发位置的筒射灯起到一般照明打亮墙面的作用，能够更好地体现家居的明亮和家具的质感，但同时应避免仰卧在沙发上时灯光的直射，可以偏转一定的角度或者增加蜂窝网等防眩的光学组件。

电视墙上和沙发底下的这一类氛围灯带则可以起到烘托场景氛围的效果，体现家居生活的温馨，同时在看电视或者观影的时候保持一定的环境光，避免电视画面在快节奏的图像变化时造成视疲劳。

3.2.2 客厅常用灯光场景

（1）回家模式

智能照明系统能够控制灯具的开关、亮度、色温及窗帘开合等。将控制回家模式的情景面板设置在全屋入口处，这样既能方便地控制单个或单组设备，又能将多设备的控制整合进一个场景模式内进行整体控制。

当用户晚上开门回到家时，可以通过传感器自动触发或者手动开启回家模式。此时灯光会从门口开始由近及远逐层开启，配合欢快的音乐，点亮温馨的家。同时，纱帘缓缓关闭，在亮灯的同时保护用户的隐私（图 3.2.1）。

图 3.2.1 客厅回家模式灯光效果（图片来源：Yeelight 易来）

回家模式场景设置要点：

① 纱帘缓缓关闭；

② 灯光由近及远逐步点亮；

③ 全屋点亮后，整体灯光为色温 4500 K，亮度 100%。

（2）离家模式

清晨，当家中最后一位成员准备出门时，在门口触发一键离家模式。这时，整屋灯光会由远及近依次按卧室、书房、客餐厅、玄关的顺序进行延时关闭。同时，窗帘缓缓打开，让更多的阳光照进家里，还可以根据需求开启室内通风，这样就能在用户回家时完成通风换气，使家人有良好的归家感受。玄关灯光设置为 10 s 缓灭，给用户留足离家和关门的时间（图 3.2.2）。

图 3.2.2 客厅离家模式灯光效果（图片来源：Yeelight 易来）

离家模式场景设置要点：

① 窗帘和纱帘缓缓打开；

② 灯光由远及近逐步关闭。

（3）日常模式

日常模式一般指用户在客厅中最常用的灯光模式，主要是为客厅提供一个温馨且百搭的空间照明场景，适合大多数时间在客厅的日常活动。

日常模式下，可根据用户喜好选择打开或者关闭窗帘，一般推荐窗帘打开、纱帘关闭，既能保护隐私，又可以让空间保持一定的通透感。可调低客厅中其他重点投射灯具和氛围灯具的亮度，顶部筒射灯调整为色温 3500 ~ 4000K、亮度 70%，让空间保持足够的亮度便于日常活动，温暖的中心光让身体和心情都处于放松舒适的状态（图 3.2.3）。

图 3.2.3 客厅日常模式灯光效果（图片来源：Yeelight 易来）

日常模式场景设置要点：

① 窗帘打开，纱帘关闭；

② 客厅灯光整体设置为色温 3500 ~ 4000 K，亮度不高于 70%。

（4）会客模式

客厅是家庭会客的重要场所，是家的门面。会客模式是家庭客厅场景中常用的灯光场景之一。舒适的灯光会让整个空间变得明亮，让在家会客、接待变得畅爽自由。

客人到来同样需要考虑私密性和安全感，建议把窗帘打开，纱帘部分关闭。如果能配合舒缓的背景音乐，会让大家更放松地交流和娱乐。

会客模式下，客厅沙发和茶几上方的筒射灯调整到色温 4500 K、亮度 100%，照亮整个客厅，可以清晰地看清人物面部，拿取桌面物品也十分方便，有助于体现主人的热情和空间的通明，非常适合家庭聚会、会客洽谈。

吊顶灯带可调至色温 4000 K、亮度 80%，通过漫反射营造一个整体明亮的环境。

如果接待的是多年好友或闺蜜，可以把客厅内的灯光色温降低到 3500 K，亮度调低至 50%，弱化人物面部的直射光，通过环境光来营造氛围，让空间变小来拉近主人和客人的距离感，适合谈心、小酌（图 3.2.4）。

图 3.2.4 客厅会客模式灯光效果（图片来源：Yeelight 易来）

会客模式场景设置要点：

① 打开窗帘，关闭部分纱帘，保留部分自然光线和室外景象，既能保证一定私密性，又不会太封闭；

② 客厅灯光可依据接待的客人不同而采用不同设置，可以设置基础色温为 4500 K，亮度 100%，再通过旋钮或者 APP 微调至所需要的氛围。

（5）阅读模式

夜深了，用户常常会窝在客厅沙发上看书、发呆或看手机，舒适的阅读灯光可以让他们安静地享受休闲时光。

看书需要专注的氛围，在阅读模式的灯光下，沙发上方灯光调整到 4500 ~ 5000 K 的中高色温、80% 亮度，可以照亮书本，营造一种专注又明亮的阅读场景。这样的中高色温既不会过暖让人产生困意，又不会过冷让人产生疲劳感。如果用户在看手机，因为手机等电子产品自带背光，可以把沙发上方的灯光亮度调低至 30 ~ 50%。

茶几顶部的射灯可以关闭或者保持低亮。客厅灯带调整至 3000 K 的低色温、20% 亮度，保持客厅其他区域有一定的环境光，可以照亮边缘空间。

安装了背景音乐系统的家庭，可以选用有沉浸感、空灵的音乐或者白噪声作为阅读的背景音轻轻相伴，为阅读提供更加立体的感受，让用户更加身临其境地步入阅读的世界（图 3.2.5）。

图 3.2.5 客厅阅读模式灯光效果（图片来源：Yeelight 易来）

阅读模式场景设置要点：

① 窗帘缓缓关闭，打造私密空间；

② 沙发射灯设置为 4000 ~ 5000 K 的中色温，让人不易产生疲劳感；

③ 客厅灯带保持 3000 K 的低色温、20% 的低亮度；

④ 客厅其他区域灯具关闭，打造读书区域的专注感；

⑤ 有氛围感的音乐轻轻响起，营造阅读的沉浸式氛围。

（6）观影模式

观影模式是客厅最具沉浸感的灯光场景，精心设计的灯光可以让用户在家便能享受影院级的观影体验，一起沉浸在电影的魅力当中。

观影模式下，窗帘和纱帘全部关闭，茶几上方的射灯全部关闭，沙发上方的灯具可考虑2700 K色温、10% 亮度，也可以关闭，较低的环境亮度有助于注意力全部集中在电影屏幕上，快速将用户带入观影的氛围中，营造极致的观影沉浸空间。

在电影院看电影时，经常会遇到拿取零食或者找手机时光线不足的情况，而且看完一场电影出来后，也会感觉眼睛很疲劳，这是在电影院的黑暗环境和屏幕的高亮环境的强对比下造成的。家中有小朋友的用户，更要注意避免在黑暗的环境中看电视，否则很容易造成视疲劳从而影响儿童的视力健康。所以，观影场景下应该在电视墙处保留一定的基础光照，既能提供拿取物品的基本照明，又能避免长时间观影造成视觉疲劳，因此电视墙和电视柜灯带应保持 2700 K 色温、20% 亮度。 如果有条件，也可以在电视柜下设置彩光灯带，观影时用不同的彩光来营造个性化的观影氛围（图 3.2.6）。

图 3.2.6 客厅观影模式灯光效果（图片来源：Yeelight 易来）

观影模式场景设置要点：

① 窗帘和纱帘全部关闭，隔绝外部光线，打造极致沉浸空间；

② 保障电视墙和电视柜有一定的漫反射照明，色温 2700 K，亮度 20%，其他顶部射灯和沙发区射灯可根据需求选择关闭或者低色温、低亮度。

（7）追剧模式

同样是看电视，追剧模式和观影模式最大的区别在于观看的时长和画面感。看电视剧不同于看电影，一般电视剧的时间比较长，而且没有电影那样集中、紧凑的剧情，用户在一种完全放松的状态下观看，可能会同时吃东西或者看手机。因此，追剧模式下的灯光要比观影模式下的灯光更亮，屏幕和空间的亮度比也应更低。

追剧模式适合一家人一起在客厅观看电视节目，因而需要放松、舒适的灯光环境。所以，客厅内的灯具可调整至色温 3000 K、亮度 50%，方便一家人长时间相处和放松（图 3.2.7）。

图 3.2.7 客厅追剧模式灯光效果（图片来源：Yeelight 易来）

追剧模式场景设置要点：

① 窗帘和纱帘全部关闭；

② 客厅灯光保持色温 3000 K、亮度 50%。

（8）清洁模式

很多选择无主灯设计的用户往往担心空间不够亮，尽管在日常需求下，客厅不需要太高的亮度，但难免会有一些特殊的情况，比如找东西、打扫卫生等。所以可以设置一个清洁模式，把全屋的灯光调整到色温 5700 K、亮度 100%。家庭照明尽量不使用 6000 K 以上的色温，对于高亮度的需求，5700 K 已经足够了。此时，整个空间的明亮度达到最高，空间感分明，视物清晰（图 3.2.8）。

图 3.2.8 客厅清洁模式灯光效果（图片来源：Yeelight 易来）

清洁模式场景设置要点：

① 窗帘和纱帘全部打开；

② 客厅灯光整体设置为色温 5700 K、亮度 100%。

3.3 餐厅常用照明场景设计

餐厅是一家人主要的就餐场所，除吃饭本身之外，也具备很强的功能性。它不仅要很好地承载一家人就餐时的愉悦气氛，而且是好友聚会不可或缺的“战场”。

3.3.1 餐厅灯具点位布局指南

餐厅照明通常由一般照明、重点照明和氛围照明组合而成。灯带提供了基础环境光，用于家庭气氛的烘托；筒射灯负责空间照亮和墙面照明；餐桌吊灯可以实现中低位的桌面重点照明，避免就餐时强光从顶部照下导致不适。餐厅照明灯具应首选高显色指数光源，显色指数建议在 90 以上，可以很好地还原食物本身的色泽，提升就餐时的视觉感受和食欲。

3.3.2 餐厅常用灯光场景

（1）日常模式

餐厅照明需求贯穿餐前准备、家人就餐和餐后清洁三个阶段，所以餐厅的日常模式一般会同时考虑三种状态下的通用灯光需求，即餐厅的整体灯光调整至色温 4000 K、亮度 70%，满足绝大部分的灯光需求。舒适的色温和较亮的环境，为用户营造出温馨、轻松的就餐环境，除了照亮食物，让精美的菜肴看上去更可口，也能让人清楚地看到用餐人的一举一动，有利于就餐时交流沟通、增进感情（图 3.3.1）。

图 3.3.1 餐厅日常模式灯光效果（图片来源：Yeelight 易来）

日常模式场景设置要点：

① 餐厅内的灯具统一设置为色温 4000 K，亮度 70%；

② 可根据需求适当调低射灯的亮度或者关闭射灯。

（2）聚会模式

餐厅不仅是一家人平时吃饭的场所，往往也是朋友聚会的地方。在家招待好友开派对时，将餐厅吊灯和氛围灯带的灯光调整到高亮度、中等色温，射灯全部打开照亮壁画或者家具，明亮欢快的灯光有助于拉近主人和客人之间的距离，营造轻松、愉快的聚餐氛围，彰显主人的格调（图 3.3.2）。

图 3.3.2 餐厅聚会模式灯光效果（图片来源：Yeelight 易来）

聚会模式场景设置要点：

① 通用的聚会模式下，将餐厅内的灯光全部打开，色温调整至 4000 K，亮度 100%；

② 如果是好友小酌，可以把餐厅吊灯亮度保持在 100%，磁吸和筒射灯亮度调低至 50%，灯带亮度调低至 30%，形成以餐桌为中心的灯光层次，有利于拉近距离感；

③ 如果装有背景音乐系统，可以根据气氛播放音乐。

（3）浪漫模式

除了日常就餐和朋友聚餐外，餐厅还要营造浪漫氛围，满足男女主人的情感需求。在特殊节日的时候，可把餐厅通过灯光打造出高档餐厅或者咖啡厅的效果，用温暖柔和的低亮暖光，照亮餐桌、美食、鲜花和男女主人，再搭配上合适的音乐，打造浪漫的二人世界。孩子入睡后，男主人可以在餐厅独处一会儿，卸下一天的疲惫，或者和女主人一起聊聊近期发生的趣事，筹划下未来的生活（图 3.3.3）。

图 3.3.3 餐厅浪漫模式灯光效果（图片来源：Yeelight 易来）

浪漫模式场景设置要点：

① 餐厅吊灯色温 3000 K，亮度 50%；

② 灯带色温 3000 K，亮度 20%；

③ 建议关闭其他区域的灯具。

（4）清洁模式

一顿大餐结束后，餐厅往往凌乱不堪，桌面上、地面上充斥着需要打扫的食物残留，因此需要高清晰度的光环境来方便餐后清洁。此时可以把灯光调至高亮、高色温，让明亮清冷的光照亮整个餐厨区域，不放过一丝丝的污渍（图 3.3.4）。

清洁模式场景设置要点：餐厅整体灯光调至色温 5700 K，亮度 100%。

图 3.3.4 餐厅清洁模式灯光效果（图片来源：Yeelight 易来）

3.4 卧室常用照明场景设计

卧室是家人休息、睡眠的区域，不同的人对卧室的功能需求各不相同，但相同的是都需要温馨、舒适、便捷的照明环境。因此，卧室灯光应该考虑用户的年龄段，为中青年的主人、儿童和老人分别设计。

3.4.1 卧室灯具点位布局指南

（1）主人房

现在流行无主灯照明，所以主人房首先布置射灯作为重点照明。床尾的射灯可用于打亮床品，床头的射灯可用于照亮工作面，需注意的是射灯的位置和照射角度要严格计算，避免灯光直射到平躺在床上的人。布置完重点照明后，在顶部和橱柜设计灯带做一般照明，同样需注意床头的灯带要漫反射出光，避免床上的人直接看到灯带。最后在床头柜的位置采用一些吊灯或者台灯等做低位照明，用于阅读或起夜等活动。

（2）儿童房

儿童房的照明首先考虑的是健康，尤其对于低幼年龄的儿童来说，一定要避免使用直射光源，可以多采用灯带或者吸顶灯这类泛光照明的灯具。建议床头放置一盏可调光台灯供睡前阅读和起夜用。学习区域一定要使用台灯，尽量选用符合国家 AA 级别且无蓝光的护眼台灯。

（3）老人房

老人房里不需要特别复杂的灯光设计，一个功率足够的智能吸顶灯就足以满足照明需求。老年人的视力相比年轻人有所退化，所以老人房的照明应尽量选择4500 ~ 5000 K的冷色温，亮度也需调高。同样，建议在老人房的床头放置一盏床头灯，用于起夜等需求。

3.4.2 主卧常用灯光场景

（1）日常模式

主卧的日常模式一般是指从傍晚天黑到上床入睡前的灯光场景。因卧室非常注重私密性，所以日常模式下首先要关闭的就是窗帘，同时室内的灯光缓缓开启，通过缓慢变亮的设置可以让窗帘闭合与灯光缓亮做到同步启动、同步结束，营造出夜晚的仪式感。卧室内的灯光场景应介于休息和通行之间，所以灯具全部打开，调整至中低色温，亮度保持中高亮度，既可以让用户有夜晚到来的感觉，又不影响更衣、卸妆、铺床等活动的进行（图 3.4.1）。

图 3.4.1 主卧日常模式灯光效果（图片来源：Yeelight 易来）

日常模式场景设置要点：

① 灯光全部打开，色温调整至 3500 K，亮度保持在 70%；

② 开灯的同时要启动窗帘的关闭功能，确保用户隐私。

（2）阅读模式

很多用户从上床后到入睡前，往往有看书和看手机的习惯，既是一种身心的放松，又是一种睡前状态的调整。卧室灯光除了要满足阅读和看手机的用光需求，还要有助于促进睡眠。首先，要保持阅读灯的照度适中，男女主人往往入睡的节奏不同，因此两侧的阅读灯应分别单独控制，由于看书和看手机所需的亮度不同，可考虑增加旋钮类的调光器，或者采用具有调光功能的壁灯、吊灯和台灯等。其次，满足功能照明后，其他区域的直射灯具可以全部关闭，开启漫反射的灯带做环境光，离床头距离较近的灯带亮度稍高些，离床头距离较远的灯带亮度稍低些，营造静谧的阅读模式（图 3.4.2）。

图 3.4.2 主卧阅读模式灯光效果（图片来源：Yeelight 易来）

阅读模式场景设置要点：

① 阅读灯设置为色温 3500 ~ 4000 K、亮度 70%，两侧独立控制，配合旋钮调光器；

② 床头位置的灯带设置为色温 2700 K、亮度 30%，其他区域的灯带设置为色温 2700 K、亮度 15%；

③ 其他顶部筒射灯关闭，窗帘保持关闭。

（3）个性模式

有些年轻的用户习惯在睡前打两场游戏，或者看一档综艺节目，可以用灯光为他们营造出欢快、个性的场景，此时就需要用到彩光类的产品，包括彩光灯带和彩光球泡等。在个性模式下，打开所有的彩光灯带，可以按用户的喜好调节颜色或者使用流光功能，用其他暖白光类的灯具做补充。因为每个人的喜好不同，所以建议照明设计师和用户共同设置和调试此模式，或者交付后由用户再进行个性化设置（图 3.4.3）。

图 3.4.3 主卧个性模式灯光效果（图片来源：Yeelight 易来）

个性模式场景设置要点：

① 彩光类灯具全部打开，颜色由用户选择，灯具亮度不宜高于 50%；

② 可选择关闭筒射灯和其他灯具或采用暖光低亮，起到补充基础照明的作用。

（4）睡眠、起夜模式

很多用户睡眠时喜欢保留一点光，也许是为了寻求内心的安全感，抑或是为了方便起夜。所以在睡眠模式下，首先要确保关闭所有中高位的直射光源，避免影响到用户的睡眠；其次，将部分漫反射的光源调整至暖光、低亮，只需要微弱的灯光照亮轮廓即可。对于睡眠时不喜欢有光但有起夜需求的用户，睡眠模式也可以作为起夜模式使用，建议配合人体或雷达传感器，实现卧室与卫生间的灯光联动，避免用户使用情景面板开错灯的尴尬（图 3.4.4）。

图 3.4.4 主卧睡眠、起夜模式灯光效果（图片来源：Yeelight 易来）

睡眠、起夜模式场景设置要点：

① 漫反射灯带、灯具色温 2700 K，亮度 5% ~ 10%；

② 其他灯具全部关闭；

③ 在床头柜下沿或其他合适的位置放置人体或雷达传感器，检测到人体活动后自动联动卫生间的起夜灯光。

（5）早安模式

清晨起床时，考虑到用户的起床时间、卧室朝向和不同季节的天亮时间，有两种灯光设计方案。一种是针对起床时间较早或者高纬度地区天亮较晚的用户，开启窗帘的同时需开灯来照明和模拟阳光，所以应将灯光设置为高色温、中等亮度；另一种是针对起床时间较晚或者低纬度天亮较早的用户，起床时户外的阳光已十分充足，此时不仅不需要开灯，反而要控制窗帘和纱帘的开启速度与节奏，避免过强的日光直接照射，造成不适感（图 3.4.5）。

图 3.4.5 主卧早安模式灯光效果（图片来源：Yeelight 易来）

早安模式场景设置要点：

① 在需补光的早安模式下，卧室灯光色温应设置为 4500 ~ 5000 K，亮度最大不宜超过 70%。考虑到用户需要从睡眠到清醒的状态转换，可通过缓亮和自动化模式将灯光从暖光逐渐向白光过渡，亮度从低到高缓慢增加，灯光过渡的时间可以根据用户习惯在 1 ~ 10 min 之间进行选择。此模式下的窗帘开合也需重点考虑隐私性，尤其在楼间距较近的情况下，保持窗帘关闭很重要。

② 在需遮光的早安模式下，不需要开启卧室灯光，只需控制窗帘的开合即可。建议将遮光帘分段开启，比如按时间设置每分钟开启 10%，逐渐打开全部遮光帘，给用户以适应的过程，同时保持纱帘关闭，保护用户的隐私。

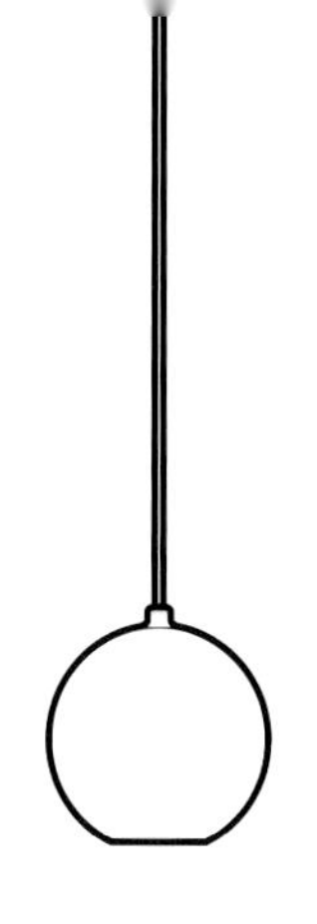

4 家居空间智能照明案例剖析

▷“不再奔波”的家：彻底改造苏州老房，让家不再奔波在路上

▷“回不去”的家：千年古村，让梦想照进窑洞

▷“乘风破浪”的家：抱团养老，智能灯光助姐姐们乘风破浪

▷“怀旧风”的家：彻底改造发霉老宅，变身温馨私房菜馆

▷“疗愈感”的家：公益项目“妈妈农场”里的生活家们

▷“满地是床”的家：彻底改造广州蜗居老宅，变身治愈温馨之家

『不再奔波』的家：彻底改造苏州老房，让家不再奔波在路上

设计师介绍

史南桥，上海高迪建筑工程设计有限公司创始人。曾获 2016 中国高端室内设计 TOP100、“2017 中国设计年度人物”“2019 中亚协空间设计行业领军人物”称号，并入选美国“Hall of Fame”中国名人堂，是空间设计行业的领军人物。他一贯坚持精细的空间切割手法，提倡“小空间，大利用；大空间，大作为”，擅长小户型及夹层空间的处理，享有“空间魔术师”的美誉。

本改造项目来源于《梦想改造家》节目第七季中的“‘不再奔波’的家”，并荣获 2021 年伦敦杰出地产奖（室内设计篇再开发与改造类）。

项目背景

七旬老人独住苏州老屋，房屋阴暗潮湿，常年不见阳光。

“上有天堂，下有苏杭。”苏州一直以淡雅古朴闻名，沿街都是粉墙黛瓦的老城建筑。这个改造故事就从古城的一家三代人开始。77 岁的外婆孤身一人住在这个有 25 年历史、原始面积仅有 48 m^2 的独栋老房。老人一辈子习惯了老苏州的味道，但随着年纪增大，生活与身体的负担也接踵而至。居住在古城外的女儿每天要往返十几千米来看望老人，最大的愿望就是能和老人住在一起。另外，老人“90 后”的外孙女从小在苏州园林中长大，喜欢接地气的生活，不喜欢住在城市的高楼里。为了陪伴老人，她带着自己的梦想与工作，回到苏州重寻家乡的道路。

苏州一到黄梅季节，老房一楼地砖就会冒水珠，对于年迈的老人而言，充满了安全隐患。另外，如图 4.1.1 所示，对几十年前建造的老房子来说，采光是难点中的难点，虽然层高够高，但屋顶是瓦顶，导致房顶不能拆。在这样的环境下，老房常年不见阳光，防潮更是难上加难，生活了几十年的居所，似乎变得缺点满满。

图 4.1.1　改造前房屋情况（图片来源：《梦想改造家》节目组）

改造前照明环境分析

改造前，室内灯光环境问题严重，空间亮度不足，有安全隐患。房屋采光极差，一楼三面墙都与邻居共用，采光只靠一面天井的光线，甚至客厅在白天也需要开灯（图 4.1.2）。

老房房顶很高，因此客厅电灯所在位置过高，老化的电路经常出现问题，灯也是时亮时不亮，对老人来说安全隐患和维修难度都很大。况且房间的灯具管线暴露在外，垂挂在墙体上，既不美观，又存在电线老化、起火等安全隐患（图 4.1.3）。

图 4.1.2　白天客厅未开灯时的场景（图片来源：《梦想改造家》节目组）

图 4.1.3　房间内外露的电线（图片来源：《梦想改造家》节目组）

智能照明改造过程及改造后效果

（1）重新规划房屋布局，引入自然光线

设计师巧妙地将空间重新划分为庭院、厨房、餐厅、客厅、卫生间、卧室和画室七大功能区，满足一家三代人的居住需求。公共区域分为两层，一层为入口和院子、厨房和客厅，二层为画室；将卧室区分为三层，从下至上分别作为外婆、妈妈和外孙女的卧室，满足了对私密空间的需求。

虽然房屋老化的问题大大限制了设计师的才能发挥，但经历了几次方案的推翻又重来，设计师最终将房屋层高这一问题巧妙融入设计中，将难题变为了优势。

设计师在顶层画室中间采用镂空设计（图 4.1.4），在屋顶上利用玻璃窗户开设“天窗”，逐层引入光源，使顶层的阳光一路洒到底。在与此相连的外孙女卧室，设计师也选择在屋顶设计了一面狭小的玻璃（图 4.1.5），以便引入阳光，增加卧室的自然采光，同时与画室的光环境保持整体一致。

图 4.1.4　画室天窗设计（图片来源：Yeelight 易来）

图 4.1.5　外孙女卧室天窗设计（图片来源：Yeelight 易来）

（2）利用智能灯光控制系统，为不同年龄段的家人定制灯光

设计师考虑到外婆年事已高，不适合爬楼梯上下楼，因此将其卧室设计在一楼。客厅的镂空设计也使二楼的光线可一路照到外婆的房间里，让外婆感受到温馨的自然光。

在给外婆设计灯光时，设计师专门考虑到老人的照明需求。由于老年人对灯光的感光度、敏感度降低，所以只有在明亮的环境中才能有较好的视力状况，但应避免环境光亮度过高，因为亮度过高可能会加剧眩光的影响，且老年人的眼睛受到眩光影响后，恢复也会减弱。于是，设计师选用了无频闪、防眩光且可调亮度的射灯来达到亮度要求，增加各区域亮度的均匀性。灯光的色温也可调节，3000 K 色温可使房间尽显温馨，4500 K 色温会让房间显得更加清爽，满足老年人的不同用光习惯（图 4.1.6）。

设计师采用的全屋无线智能灯光系统，可根据外婆的生活习惯定制灯光。比如在老人必备的夜间模式下，当外婆起夜时，床下的人体传感器感应到老人下床，即触发床下灯带缓缓亮起；同时，在外婆集中活动的区域例如卫生间、药品存放处等，都安装了人体感应灯光，降低老人夜间活动的安全隐患，保障老人安全。

图 4.1.6　老人卧室灯光设计（图片来源：Yeelight 易来）

1992 年出生的外孙女擅长油画、素描，是一名专业绘画老师。带着梦想回到故乡的她，由于工作原因，希望能有一间独立的充满阳光的画室。然而，画室对于灯光的需求远远高于其他空间。

设计师将画室设计于房屋中心点，采用智能天窗，并搭配可调节色温和亮度的智能灯光，灯光的亮度、显色指数、色温等都要满足不同绘画种类的需求。所以，设计师采用了显色指数最高可达 95 的灯具，能最大程度还原颜料和作品最真实的色彩（图 4.1.7）。在外孙女的画室中，智能灯光的亮度和色温可以无级调节，便于她更好地沉浸于适宜的灯光氛围中进行创作。同时，所采用的智能灯具均具备防眩光、低蓝光功能，以免外孙女作画时视力受影响。

图 4.1.7　画室桌面灯光（图片来源：Yeelight 易来）

（3）多种灯光控制方式，带来生活便利体验

设计师在设计客厅时，将其设计为祖孙三代都喜欢的多功能空间，而智能灯光系统可以发挥它的优势，根据祖孙三代不同的生活习惯调节多种场景模式。如图 4.1.8 所示的清扫模式、休闲模式、会客模式、观影模式等，完全是了解过用户生活场景后量身定制的。

清扫模式

休闲模式

会客模式

观影模式

图 4.1.8　客厅多种智能灯光场景模式（图片来源：Yeelight 易来）

智能灯光的控制方式也是多样的，它给生活在这座小楼里的人们带来了便利。除了传统的墙控开关以外，还有无线智能面板、智能音箱、手机 APP 等方式，让灯光控制更加便捷。住在二楼的妈妈不用再因担心楼下、楼上的灯没有关闭而跑上跑下，一键就可以控制全屋灯光。

这座苏州园林旁的小楼经过设计师鬼斧神工般的改造后，重新焕发了活力和魅力。全屋智能灯光系统不仅解决了祖孙三代不同需求的灯光使用问题，多种操控方式还可以解放双手尽享便捷。智能灯光系统的引入，使传统方法和现代科技完美地融合在一起，让小楼的主人住得舒适，住得安心。

案例2

『回不去』的家：千年古村，让梦想照进窑洞

设计师介绍

孙华锋，现任河南鼎合建筑装饰设计工程有限公司首席设计总监、中国建筑学会专家库专家、中国建筑学会室内设计分会副理事长、中国建筑装饰协会设计分会副会长，亦是美国室内设计名人堂正式成员、洛阳理工学院客座教授、郑州轻工业大学硕士生导师、河南工业大学硕士生导师等。曾获中国建筑设计奖，以及中国室内设计协会“十大年度人物”“亚太酒店设计十大风云人物”等称号。

项目背景

黄土高原背后的千年自然村，年久失修的排排窑洞，是古稀老人不愿离开的家，是离乡游子难以归乡的情。

“地平线下古村落，民居史上活化石”。年逾古稀的爷爷和奶奶，是河南省三门峡市岔里村里的最后一户居民。老人的儿女已经在城里安了家，奶奶说，她舍不得门口的百年皂荚树，舍不得这个生活了一辈子的窑洞，这里是她不愿意离开的家。在古稀老人隔壁的住所（图 4.2.1），那早已破烂不堪的窑洞，是孙子小陈从小与父母居住的家，是他常年期盼着的回乡后的归宿。在外独自打拼的小陈，每次带着孩子回到老家，看到爷爷奶奶，对家乡的眷恋之情更加浓郁。这也让他萌生了回乡创业的念头，希望借助当地独特的旅游资源——温泉、地坑院、窑洞，将老屋重新打造成特色民宿，从而帮助更多想回乡创业的年轻人。

图 4.2.1　改造前房屋情况和地理环境（图片来源：《梦想改造家》节目组）

改造前照明环境分析

改造前，房屋采光差，哪怕是在白天，高而小的窗户也使得屋内伸手不见五指，这也是此次改造最大的难题（图 4.2.2）。此外，房间通风状况也较差。

特殊的房屋结构，限制了灯具的选用。窑洞采用当地特色的夯土建造，厚实的墙体和特殊的窑洞屋顶结构，导致一个窑洞只能配一个灯泡，夜晚的亮度也很低（图 4.2.3）。

电线老化、外露，安全隐患大。房屋电线都是明线，客观条件限制易于使得对电线使用情况的排查工作不足，导致电线老化严重，很容易起火（图 4.2.4）。

图 4.2.2 改造前房屋采光情况（图片来源：《梦想改造家》节目组）

图 4.2.3 改造前房屋内的灯具（图片来源：《梦想改造家》节目组）

图 4.2.4 改造前灯具电线老化（图片来源：《梦想改造家》节目组）

智能照明改造过程及改造后效果

（1）因地制宜的无主灯设计，让千年窑洞焕发新生

结构特殊的窑洞，给设计师在灯光设计上增加了难度。设计师推翻原始窑洞小窗户概念，在客厅和就餐区采用四面通透的玻璃窗搭配灯具来增加屋内光线，更在玄关处设置多面玻璃墙，开设天窗，使阳光洒满房间。透过玻璃窗，不仅可以将院落风景尽收眼底，而且可以眺望远山（图 4.2.5）。

图 4.2.5　客厅和就餐区（图片来源：《梦想改造家》节目组）

因为当地冬天时间长、日照时间短，设计师采用了具有“日光算法”的智能灯具，可以根据经纬度推算出日出日落的时间，灯光可随着自然光调节亮度和色温，最大限度还原自然光的状态，让家更贴近自然。

为了将传统文化尽可能保留下来，民宿的客房仍采用经过处理的夯土形式，但设计师对窑洞的灯光做了现代化无主灯设计（图4.2.6）。用灯带、磁吸轨道灯、落地灯和台灯组合的方式使室内光线更多元，改变了以前“一屋一灯泡”的陈旧形式。光源按高、中、低分区域进行搭配，磁吸轨道灯作为重点照明，灯带塑造氛围，不同灯具组合的方式不仅提高了屋内的整体亮度，而且给卧室增添了放松与舒适的体验感，让家回归其原本的意义。

设计师在窑洞中还采用了可移动的磁吸轨道灯（图4.2.7）。磁吸轨道灯的种类多，而且可以在轨道上随意变换位置，这样能够缓解固定灯光点位带来的乏味。无论是在灯下手工作画，还是品茗闲话，灯光都可以多元化满足需求，灵活且方便。

图4.2.6　窑洞内的无主灯设计（图片来源：Yeelight 易来）

图4.2.7　窑洞内的磁吸轨道灯设计（图片来源：Yeelight 易来）

（2）多场景智能灯光模式，打造舒适便捷的精品民宿

室内多数空间采用无线智能照明系统，无线智能照明产品安装和调试简单，且安全省力。无线控制方式可以免去大量开槽和布线的工作，没有外露电线，安全性得以提升。

图 4.2.8　智能照明无线控制面板（图片来源：Yeelight 易来）

智能照明系统可无线操控，并且形式多样，包括无线控制、可随身移动的控制面板（图 4.2.8）、手机 APP、墙壁控制开关等多种操控方式，既可满足即将归来的年轻人的智能化需求，又可以提供最大的方便，让老人延续保留多年的传统开灯交互方式。

智能灯光可以进行多场景切换，不同的灯光模式拥有不同的效果。在此案的设计中，设计师采用了回家联动的模式，当主人回家开门时，屋内灯光亮起，满满的仪式感扑面而来。为了实现这种自动化效果，需要将智能门窗传感器和灯具之间做智能联动，当有人开门时，会触发“开门模式”，传感器根据时间、动作等条件做出判断，开门迎接回家的主人。除了智能联动功能，分组和延时功能可以打造室内灯光的“渐进式”照明，即灯光由远及近、由高到低依次亮起。这种充满温馨感的照明设计，为进入室内的每个人都洗去了全身的疲惫。

（3）适老化灯光设计，给予老人贴心的关怀

什么是好的养老环境？除了物质保障和医疗保障外，健康、舒适、便利的家居环境也是非常关键的因素。随着年龄的增长，老年人的视觉功能衰退，对光的敏感度下降，而部分患有“夜盲症”的老人，其眼睛感光度会明显下降，影响其对周围事物的判断。

设计师针对老人的生活习惯，在墙上安装了操作简单的控制开关，且安装在适合老人操控的高度。在室内各区域也适当提高了照度，使各区域亮度均匀，同时采用了防眩光、显色指数高的灯具，尽可能减少老人视力衰退造成的影响。在老人经常出入的区域还增加了人体感应小夜灯，可以监测到环境中人体移动的信号，自动为老人开灯，减少老人夜晚起夜活动的不便（图 4.2.9）。

图 4.2.9　老人房灯光设计效果（图片来源：Yeelight 易来）

（4）庭院照明设计，为离家的游子照亮了回家的路

设计师还对庭院内外的照明进行了巧思设计。庭院的灯带、外墙的投射灯与古树旁的灯光相互辉映，提供了夜晚温馨的灯光氛围。无论是户外还是室内的灯光，都可以接进同一个智能灯光系统，并且通过同一个无线控制面板同时控制，使灯光的集中控制管理变得十分简单、便捷（图 4.2.10）。

图 4.2.10　户外灯光设计（图片来源：Yeelight 易来）

偌大的窑洞、多样的照明需求、大量的灯具布局，似乎都增加了电费的开销，但是采用无线智能照明系统，不仅可以减少安装的成本，而且可以最大程度节省用电。相比前几年，现在的无线智能灯具经过创新改良，待机功率最低可达 0.089 W，能耗较低。同时，因为可以根据不同需求调节灯光的亮度，在很多用光场景下，不需要再将灯光调节到最高亮度，反而大幅降低了能耗，省电省钱。

案例3 “乘风破浪”的家：抱团养老，智能灯光助姐姐们乘风破浪

设计师介绍

谢柯，重庆尚壹扬装饰设计有限公司创始人兼设计总监、中国建筑学会室内设计分会理事。从事空间设计 20 余年，擅长使用简单质朴的材料，营造空间的叙事性。重视人的情感需求，尊重在地文化，将传统工艺与当代审美结合，创造出具有世界语境的东方人文美学空间。代表作品包括壹集生活美术馆、东原旭辉江山樾邻里中心、既下山梅里酒店等。

项目背景

姐妹们共赴丽江抱团养老，206 m^2 住所如何满足 5 人不同的生活习惯？

丽江是喧嚣的，你可以在酒吧里彻夜狂欢；丽江是宁静的，你可以在花草庭院里惬意发呆。这是一座风情古城，充满着爱与奇遇，承载着感性与诗意。蓝天白云、绿树红花、雪山潺流、炊烟人家，每条街道、每个角落，都有你为之动容的理由。

这个时代，社会的多元化让都市的年轻人有了各种各样的生活选择，结婚生子和陪伴爱人已经不是生活的唯一目标。这次的委托方是 5 位事业有成的单身姐妹，在经历了前半生的忙碌与奔波后，她们想要在快节奏中找寻慢生活。于是选择移居丽江，想在这里远离世俗的喧嚣，重拾内心的平静，感受“采菊东篱下，悠然见南山”的田园之乐。她们想在丽江温馨又慵懒的院落里，共同开启人生的又一场冒险，希望通过对居所的改造，过上向往的生活，并把这份对生活的热爱传递下去。

古镇的老建筑都或多或少有一些阴暗、潮湿的弊病，本次改造既要保留当地老建筑的风貌，融入当地，使之成为一道风景，又要具有现代化、有设计感的生活功能（改造前的情景见图 4.3.1）。五姐妹现在的年纪虽然还不大，但是抱团养老的方式和选择，需要设计师为她们提供具有前瞻性的适老化设计，而这种“预先养老设计”概念，也是当下的热点问题，即如何在满足日常生活的同时，兼顾到未来的老年生活。

图 4.3.1　改造前房屋情景（图片来源：《梦想改造家》节目组）

改造前照明环境分析

房屋为 206 m^2 的小洋楼，一楼主要是客厅、餐厅、厨房，二楼有多间卧室及公共休息室，每个空间的灯光需求各不相同，且房屋为西北方向，采光差（图 4.3.2）。

图 4.3.2　改造前房屋采光情况（图片来源：《梦想改造家》节目组）

智能照明改造过程及改造后效果

（1）温暖如春的四季，体验阳光的沐浴

设计师利用内庭和落地门窗相结合的方式，把阳光和庭院美景引入房间。一楼采用遮阳连廊，减少阳光紫外线直射，贴心地为紫外线过敏的姐姐考虑，但房间内仍有阳光照耀，只是变得更加柔和。采光天井的设计，不仅为庭院增加了绿色景观，而且让原本昏暗的西侧空间洒满阳光（图 4.3.3）。

本案中，设计师选择了高品质的灯具，其显色指数最高可达 95，让房间内的物品在灯光的照射下，呈现出最真实的色彩。

图 4.3.3　改造后房屋采光情况（图片来源：Yeelight 易来）

（2）智能无主灯设计，满足不同生活需求

如何满足 5 位姐姐对灯光的不同需求呢？设计师为其卧室都布置了射灯、灯带与台灯，进行不同光源的搭配，高、中、低区域灯光的组合，不仅为房间提供了充足的照度，而且增加了房间的氛围感，满足了她们所追求的浪漫与唯美。全屋智能照明系统的采用，方便每位姐姐根据自己的生活习惯设置阅读模式、助眠模式、休闲模式，满足不同的照明需求（图 4.3.4）。

阅读模式灯光的高亮度、高色温恰好满足读书需求。助眠模式采用灯具分组以及延时功能，准备入眠时，灯具会自动调节，由高及低、渐进式地降低灯光的色温和亮度，直至最后关闭全屋灯具。休闲模式下，灯光的色温和亮度可以使整体空间氛围明快又不失温馨。所以，即使同住在一个家中，每个人也有相互独立、个性化的生活空间。

图 4.3.4　不同智能灯光场景模式（图片来源：Yeelight 易来）

智能灯具与人体存在传感器联动，传感器感应到主人回家，会自动开启灯光模式控制，家里的灯光会自动缓慢、依次亮起，迎接回家的主人们（图 4.3.5）。同时，智能灯具采用灯光分组与延时，可以实现渐进式的灯光开启模式，打造空间层次感，让家的温馨带走一天的疲惫。离家模式也是如此设计，人走灯灭，不用担心出现忘记关灯等问题。

在如此多的智能模式下，无线智能灯具经过创新优化，每盏灯的待机功率仅有 0.089 W，不仅可以满足不同使用者的灯光需求，而且大幅降低了能耗，真正地做到了既省电省钱，又智能便利。

图 4.3.5　回家模式灯光场景（图片来源：Yeelight 易来）

（3）前瞻性适老化灯光设计，激发智能生活的多种可能性

考虑到姐姐们年纪日益增长，对灯光的敏感度日趋下降，设计师在灯光上加入了适老化的设计。例如在设置灯具亮度时，适当提高了室内照度，使各区域亮度均匀，亮度和色温也做到了智能无级调节。在床头、卫生间等集中活动区域，都增加了具有人体感应功能的灯具，极大地便利了今后的养老生活。

如图 4.3.6 所示，灯光开关在延续传统墙上控制开关的同时，增加了可随处粘贴，也可随身携带的控制面板，两两组合，满足智能化与习惯的双重需求。墙上的控制开关可以顺应姐姐们今后的生活习惯，克服视力下降等带来的不便，而随身携带的面板又可以满足现在姐姐们智能化的生活需求。

图 4.3.6　控制开关（图片来源：Yeelight 易来）

这次改造房子的空间虽然足够大，但是由于居住人数较多，需要面积较大的公共空间。五姐妹不同的生活习惯，又使得她们在私人空间的设计上有着不同的要求。整合不同居住者的特殊习惯以及审美需求，对设计师来说是个不小的挑战。通过智能照明的改造，不仅满足了现在的需求，还为多年以后要面临的适老化设计预留了充足的准备空间，这也是智能照明具有温暖的人性化关怀的又一体现。

案例 4 『怀旧风』的家：彻底改造发霉老宅，变身温馨私房菜馆

设计师介绍

汪昶行，室内建筑师，同济大学建筑与城市规划学院博士，弄设计事务所（NONG STUDIO）创始人，现为中国室内装饰协会会员、中国摄影师协会会员。曾为美国帕森斯设计学院访问学者、同济大学及意大利米兰理工大学设计学双硕士、同济大学设计创意学院助理教授。曾获 2019 年光华龙腾奖·中国装饰设计业十大杰出青年、2018 年“金外滩奖”商业空间类优秀奖等荣誉和奖项。

项目背景

闽菜大师致力于传承传统文化，期盼老宅新装，重拾故乡味道。

厦门是一座充满现代化气息的城市，而在这座繁华的城市里，有一座复古、美丽的岛屿“鼓浪屿”。柔软的沙滩、充满人情味的小巷、透过树叶洒下的阳光，还有怀旧风的家。当我们置身于这个小岛中时，会真切感受到它的浪漫。

鼓浪屿岛上的小院落是业主林先生的祖宅，建造于新中国成立前。由于小孩的读书问题，林先生结婚生子以后搬到岛外居住。但是，看到从小生活的鼓浪屿被外来文化侵蚀，越来越商业化，餐饮越来越没有“闽味”，他十分痛心。所以，他决定改造老房子，把传统的“闽南菜”继续传承下去，让年轻一代知道什么才是真正的“闽味”。这份传承之心，是对故乡的眷恋，是对故土的不舍，同时也是对家的怀念！

林先生位于岛上的家是一座两层小楼，每层仅有 70 m^2，餐饮区与居住环境相连，可将鼓浪屿风景尽收眼底（图 4.4.1）。由于是在海岛上的改造，因此施工难度大幅增加。

图 4.4.1 房屋环境（图片来源：《梦想改造家》节目组）

改造前照明环境分析

采光天井位于房子中间，房子与周边建筑之间距离太近，只有 30~40 cm，两边的房间无法利用天井采光，导致房间采光极差，白天不开灯时，房间内十分昏暗（图 4.4.2）。又由于房子屋顶高，灯具安装位置过高，并且每个房间只靠单一的灯具照明，因此无法保证房间的整体亮度。

图 4.4.2　改造前房屋采光情况（图片来源：《梦想改造家》节目组）

智能照明改造过程及改造后效果

（1）打破空间局限，重塑院落小家的光环境

设计师将一楼全部设计为玻璃门，借用玻璃门将耳房与庭院打通，不仅在视觉上延伸了空间，而且有效增加了采光。同时，大门设计为镂空，结合院子中央的天井，将阳光引入屋子。这样的建筑设计，使得房屋即使在晚上也不会显得闭塞压抑，院内和室内的灯光透过玻璃门，交相辉映（图 4.4.3）。

虽然房间只有 70 m^2，但是要满足一家四口的起居和用餐需求，设计师根据每个空间的楼层，有针对性地设置了专属灯光。室内除了在天花嵌入的深筒防眩射灯外，其余应用最多的是灯带，并特别采用了把灯带“藏”在柜子里的设计，通过 45° 角出光漫反射方式照亮整个空间。无论是嵌入墙里的柜子，还是放在墙边的柜子，在这个空间里都只能看到光亮，看不到灯带，即“见光不见灯”（图 4.4.4）。夜晚来临时，业主会感觉到空间中温馨、舒适的氛围，且不会刺眼。

图 4.4.3　院内和室内灯光相映成趣（图片来源：《梦想改造家》节目组）

图 4.4.4　柜体灯光设计（图片来源：Yeelight 易来）

二楼全部采用灯带采光，灯光不会直射眼睛，还可智能调节色温，满足照明和温馨感并存的需求。卧室的灯带设置了唤醒和睡眠模式，搭配照明模式的灯具，做到灯具与人体感应器联动，并在经常出入的空间安装小夜灯，方便夜晚的行动（图 4.4.5）。

图 4.4.5　卧室灯光设计（图片来源：Yeelight 易来）

（2）智能灯光控制，带来家居生活新体验

在一楼营业区是看不到任何开关面板的，因为一楼的灯光整体采用了智能灯光控制系统。通过一块全面屏来进行灯光场景切换，可以把灯光的明暗、色温，根据不同时段，比如营业或休息时的不同需求来调节。设计师设计了灯光的营业模式、居家模式、吧台模式、聚餐模式（图 4.4.6）。

营业模式

居家模式

图 4.4.6　不同智能灯光场景模式（图片来源：Yeelight 易来）

客厅是家庭会客的重要场所，这里不仅是家人待在一起时间最长的地方，也是和朋友相聚的共享空间。设计师通过对当下流行的家庭影院照明设计的分析，增加了观影模式，利用智能照明产品在家中客厅就能轻松打造专属家庭影院。此外，智能灯也可和智能电视进行“拾色”联动，把电视中播放的场景颜色通过智能灯投射出来，让观影更具沉浸感。二楼也安装了凌动开关作为搭配，即使用开关关灯后，灯具智能功能依然保留，仍可进行智能控制。

（3）关注功能性儿童房设计，打造舒适护眼的光环境

儿童进入学生阶段后，学业压力会逐渐增加。在繁重的学业压力下，家长更应该重视孩子的视力情况。舒适的照明环境不仅可以在生理上守护孩子的视力健康，而且在心理上保护他们不会因为过亮或过暗的环境而产生烦躁的情绪。

在二楼的女儿房里，设计师增添了光感智能台灯（图 4.4.7）。这种台灯属于专业的读写台灯，具备无可视频闪和无蓝光危害的光学性能，可设定儿童、成人双感光模式，也可一键开启自动感光模式，当灯光和背景光不适宜阅读时，光感指示灯会发出红色警告，让业主及时调整室内光线。设计师为小女儿专门设置的儿童模式，白天将光线自动调整为 4000 K 色温，营造明快、轻松的氛围；夜晚将光线自动调整为 3700 K 色温，可有效降低高色温下的蓝光含量，同时兼顾使用时的作业效率。对于需要在此做功课的小女儿来说，既可享受舒适的学习氛围，又保护了视力。

图 4.4.7　智能台灯灯光场景（图片来源：Yeelight 易来）

（4）高显色指数灯具，真实还原空间色彩

设计师采用洗墙灯，轻松调节照射角度以及色温，实现光束的精准打光。例如光束打在植物上时，高显色指数不仅可以还原植物的真实色彩，而且增添了餐厅的自然氛围（图 4.4.8）。射灯灯光深防眩，不会影响顾客的就餐光环境。射灯的显色指数也很高，最高可达 95，接近自然光。设计师不仅让房间洒满阳光，而且让林大厨的美食在灯光的照射下更加“秀色可餐”。

图 4.4.8　安装高显色指数洗墙灯后的餐厅（图片来源：Yeelight 易来）

本案的特殊之处在于照明设计要同时满足家居和对外营业的双重需求，如何巧妙地做到既有家的温馨感，又有餐厅的氛围感是设计的重点。灯带和洗墙灯的巧妙运用使空间不仅满足了不同需求，通过智能控制系统的设计也实现了瞬时切换双重需求，现代的科技手段给有家乡情怀的业主提供了把梦想变为现实的可能。

案例5 『疗愈感』的家：公益项目『妈妈农场』里的生活家们

设计师介绍

主设计师：张耀天、周游、张建武、许铭轩、徐蕴芳、李聪

这 6 位都是年轻的设计师，他们应《梦想改造家》节目组之邀进行了这个特殊的“公益项目”的空间改造。他们把爱心、专业、责任感融进设计细节，只为给孩子们营造出最好的居住空间，同时针对本项目的特殊性，注重治愈型设计，让孩子们可以在温暖的环境中健康成长。

项目背景

汇聚社会爱心，为孩子们打造一个梦想中的家园。

“大鱼云海妈妈农场”位于四川省绵阳市北川羌族自治县东升村(图 4.5.1)，这里生活着 20 多个来自周边山区贫困家庭的孩子。他们之间没有血缘关系，却是彼此最亲的人。

农场占地面积为 6680 m^2，其运营主要依靠政府的资助和社会捐赠，缺乏科学规划，导致功能区划分不合理，生活区、办公区、储物区、休闲区相互交织，空间利用效率差。为了让孩子们能够拥有更安全、健康的居住环境，6 位设计师通力合作，社会公益力量也不断涌入，一起用汇聚的爱心把不可能变成现实，给孩子们打造了一个梦想家园。

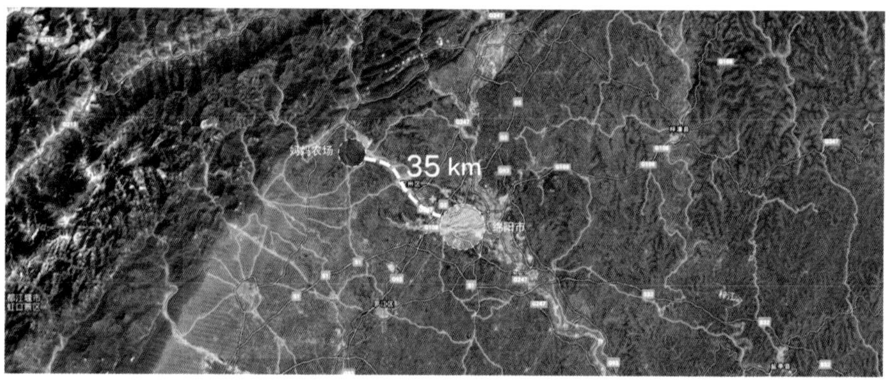

图 4.5.1　项目地理位置(图片来源：《梦想改造家》节目组)

项目现场分为如下 4 个区域：1 号区为综合楼，包含办公室、心理咨询室、图书馆、自习室、餐厅、厨房等公共区域；2 号区为宿舍楼，包含寝室、客厅、卫生间和私密空间；3 号区为办公室；4 号区为晾晒区（图 4.5.2）。

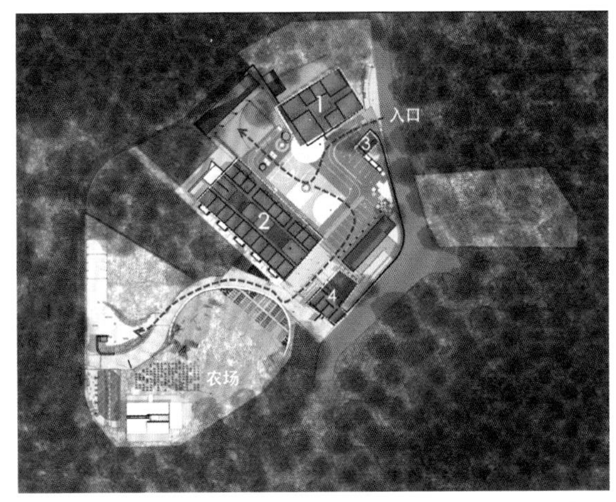

图 4.5.2　项目建筑结构分区（图片来源：《梦想改造家》节目组）

改造前照明环境分析

农场拥有 500 m^2 公共区、800 m^2 宿舍区、1300 m^2 的广场、200 m^2 的户外功能区及 2000 m^2 的农业园，环境极其复杂。户外缺乏公共照明，夜间需依靠室内的灯光照亮部分路面，人们活动非常不便（图 4.5.3）。

图 4.5.3　农场改造前外部环境（图片来源：《梦想改造家》节目组）

学生宿舍狭小逼仄，高而小的窗户不仅采光差，而且不通风。到了晚上，室内不仅灯光的照度和色温不合适孩子们的生活，而且电线裸露散乱，存在着极大的安全隐患（图 4.5.4）。

4.5.4　学生宿舍改造前情景（图片来源：《梦想改造家》节目组）

智能照明改造过程及改造后效果

（1）针对公共区域特点，打造不同灯光环境

通过打通部分公共空间的墙体，扩大图书馆和餐厅的面积，同时在中庭设计天窗以实现引入外部光源的方式，设计师解决了原先功能区规划不合理、内部采光差的问题。在扩大之后的功能区，考虑到功能性和舒适性，采取了线光和面光组合的一般照明，用射灯做重点照明。在满足日常用光的同时，对重点区域的工作面做了加强处理，同时针对孩子们活泼好动的天性和身心健康成长的需求，设计了很多造型可爱、发光柔和的装饰性灯具（图 4.5.5）。

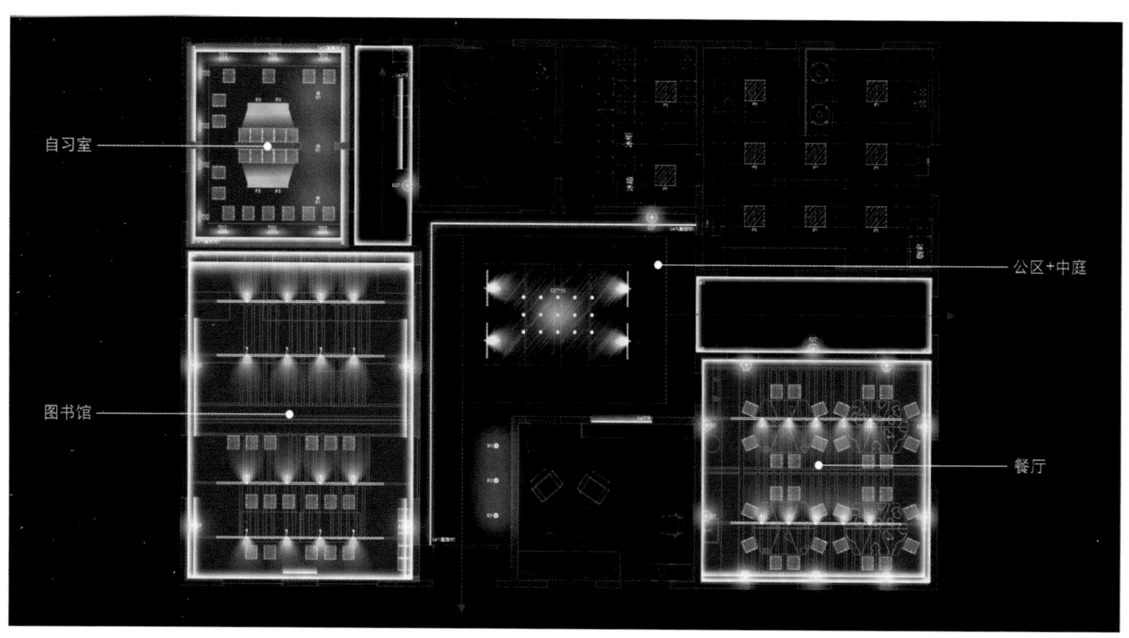

图 4.5.5　公共区域照明平面点位（图片来源：Yeelight 易来）

改造后，日间充足的阳光从天井射入，解决了建筑中心区域的照明问题。同时，设计师把中厅改成了孩子们娱乐玩耍的公共空间。在天井桁架下挂了很多云朵形状的装饰吊灯，作为日间景观和阴天采光的补充，在夜间则作为柔和不刺眼的基础照明，配合中位的壁灯和置物板上设置的灯带，既好看又实用。在天井的两侧还增加了轨道射灯，对通道的进出口地面做重点照明，起到指引和保护安全的作用（图 4.5.6）。

图 4.5.6　综合楼中厅天井的灯光实景（图片来源：《梦想改造家》节目组）

原先功能单一的图书馆被改造为兼具阅读、储藏、活动功能的多元复合型空间，设计了石膏线灯带和踢脚线灯带的组合，分别起到空间基础照明和勾勒空间线条的作用。顶面采用了高显色性的轨道射灯，用于重点照明，并提高了阶梯式阅读区的照度，方便孩子们寻找属于自己的学习空间（图 4.5.7）。

图 4.5.7　综合楼多功能图书馆的灯光实景（图片来源：《梦想改造家》节目组）

餐厅的照明设计方案和图书馆类似，只是针对就餐的桌面做了轨道射灯的角度控制。餐厅同样可以作为一个多功能空间，撤掉桌椅板凳后秒变小型活动室（图 4.5.8）。

图 4.5.8 综合楼餐厅的灯光实景（图片来源：《梦想改造家》节目组）

自习室是孩子们主要的学习空间，在保证学习桌工作面的照明要求的基础上，还需要一定的环境光。因此，顶部采用灯带洗墙来满足基础照明，工作面上为每个学习位置放置了满足 AA 级要求的读写台灯，每个灯都可以调节亮度和色温，方便孩子们在学习时拥有舒适的照明环境。由于自习室的窗朝北向，日间采光不足，孩子们长时间在此学习容易疲劳和枯燥，所以设计师特别设计了青空灯，在自然采光条件不佳的室内引入人工阳光和青空，调节氛围（图 4.5.9）。

图 4.5.9 综合楼自习室的灯光方案和实景（图片来源：Yeelight 易来、《梦想改造家》节目组）

自习室装上 4 盏青空灯，在解决了日间采光问题的同时，太阳光穿过散射板照到墙上再漫射到空间里，让室内拥有了阳光的温暖感觉。孩子们在学习之余，抬头可见蓝天，有利于缓解他们的疲劳感（图 4.5.10）。

图 4.5.10　综合楼自习室的青空灯（图片来源：Yeelight 易来）

（2）宿舍及私密空间的改造，为孩子们健康成长保驾护航

宿舍区的内庭有个小院子，白天采光很好，夜间也有星光，只需要在门口走廊上补充基础照明即可。宿舍内采用了灯带做基础照明，结合梁的位置设计了轨道射灯做重点照明，床头布置台灯做局部照明。使用智能照明控制系统为宿舍设计了温馨模式、学习模式和起夜模式等场景，更好地满足了孩子们在不同场景下的灯光需求（图 4.5.11）。

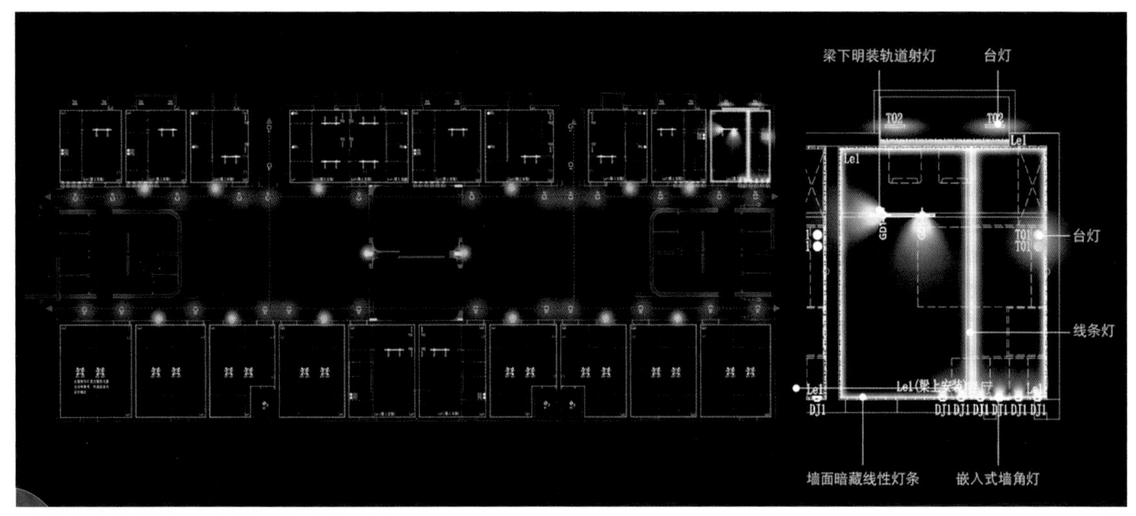

图 4.5.11　宿舍区照明设计方案（图片来源：Yeelight 易来）

因为在这里学习、生活的主要是孩子们，所以设计师特地选用了卡通造型的壁灯，温暖的柔光既满足了行走的亮度要求，又让孩子们感受到童年的欢乐（图 4.5.12）。

图 4.5.12　宿舍区内庭院落的灯光实景（图片来源：《梦想改造家》节目组）

宿舍是尖顶的结构，所以使用灯带做上洗墙处理，灯光均匀打亮屋顶的同时又柔和地反射到屋内。墙面底部设计了踢脚线灯带，用于勾勒房间的轮廓，同时低位出光配合调光驱动满足了夜间起夜的照明需求。因为屋内保留了横梁，所以在梁上巧妙地布置了上照的灯带和下射的轨道射灯，上出光的灯带补充了顶部天花的亮度，下射的轨道射灯可以做重点照明，提供工作面照明和其他照明（图 4.5.13）。

图 4.5.13　宿舍整体灯光效果（图片来源：《梦想改造家》节目组）

宿舍内除了灯带和轨道射灯之外，为了给孩子们营造出家一样的温馨感，设计师还选择了卡通造型的壁灯、台灯和装饰灯，既丰富了灯光的层次，又冲淡了孩子们在长期集体生活下的孤独感（图 4.5.14）。

图 4.5.14　宿舍局部灯光效果（图片来源：《梦想改造家》节目组）

远离家人且正处于青春期的孩子们，学习、生活、社交中容易出现情绪低落、沮丧甚至暴力倾向等问题，因此设计师改造了宿舍的二层阁楼，为男孩和女孩分别打造了独处、疗伤的私密空间。他们可以在这里静静地待着、大哭一场或者给父母打电话，在这个治愈的小空间里，孩子们会体会到成长的不易。同时，针对男孩和女孩不同的独处心理需求，也为了避免孩子们在小空间内感到压抑、孤独，设计师专门为男孩和女孩设计了不同的灯光环境，让他们在这里感受平和与温暖（图 4.5.15）。

图 4.5.15　男孩和女孩的私密空间实景（图片来源：《梦想改造家》节目组）

（3）重新设计户外照明，让孩子们体会外面世界的美好

设计师在对内部结构和功能区进行重新规划和改造的同时，也重点考虑了户外的照明亮化设计，希望在解决夜晚基础照明的基础上，为在这里生活的人们打造出一个美好的环境，让他们足不出户就能开阔眼界，感受世界的美好（图 4.5.16）。

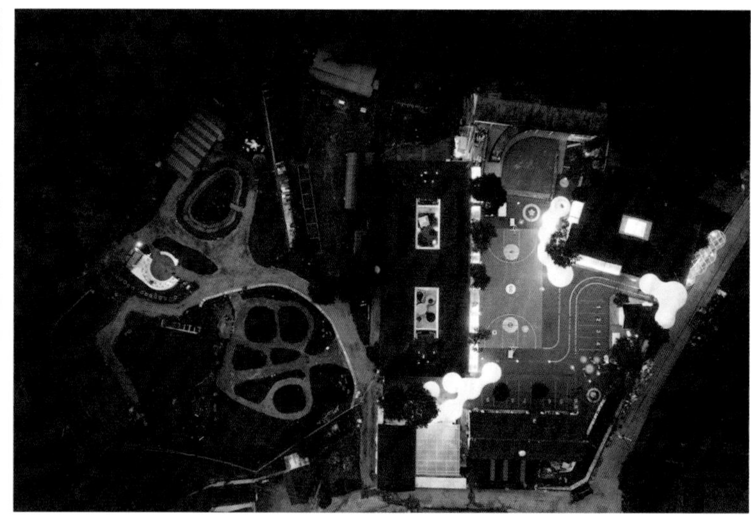

图 4.5.16　农场正门和鸟瞰夜晚亮化实景（图片来源：《梦想改造家》节目组）

中央广场的雨棚下，设计师采用了上下出光的路灯，上出光打亮棚顶形成漫射照亮周围，下出光重点照亮地面，用于引导、指示和棚下功能性照明，方便孩子们夜晚在这里开心地活动和玩耍。改造后的妈妈农场和之前相比焕然一新（图 4.5.17）。

图 4.5.17　农场内部夜景亮化实景（图片来源：《梦想改造家》节目组）

20 个来自贫困家庭的孩子在这里学习和生活。由于他们的成长缺乏家庭的支持和家人的陪伴，农场一方面提倡孩子们有尊严地受助，另一方面希望让他们通过劳动获得更多知识。为他们打造温暖和有归属感的家正是此次照明改造设计的初衷。照明方案根据孩子们学习、生活和成长的需要，分别为不同空间设计了不同的照明场景，让孩子们既能体会到集体生活的温馨，又能获得充足的个性保护，让他们可以身心健康地成长。

『满地是床』的家：彻底改造广州蜗居老宅，变身治愈温馨之家

设计师介绍

本间贵史，日本一级建筑师，是少数拥有“教育研究专攻建筑师”资格的建筑师之一。从 1987 年创办株式会社本间综合计画至今，拥有超过 30 年的设计、监理经历。

早年，本间贵史在日本节目《全能住宅改造王》中被称为“安居空间的追求者”，而他参与录制《梦想改造家》后，被中国观众亲切地称为“神之手”。

项目背景

四代人共同居住在昏暗、狭小的老房中，如何通过设计让“老破小”华丽转身？

荔湾区是广州的老城区之一。这里大多数都是建造于 20 世纪 80、90 年代的七八层高的公产房，房屋面积小，居住人口多，功能单一，无隐私，无公共空间，很难满足现代居住者的需求。

在这里有一个 47 m^2 的小家，两室一厅，四世同堂。四张床，六口人，上有 92 岁高龄的老人，下有 8 岁正在上学的孩子。这些对居住环境灯光的适老化和光照度都提出了极高的要求（图 4.6.1）。

六口人共同居住，孩子和祖母睡在一张床上，祖父睡地铺，爸爸妈妈和曾祖母同住一间房，睡上下铺。孩子无固定学习场所，多是在祖母床边的移动课桌上学习。但是由于祖母睡觉早，孩子若继续做功课就要转移到小餐桌上，十分不便。

屋内多处漏水。之前因为厨房、卫生间漏水翻修了一次，没过多久瓷砖就再次鼓包，墙皮脱落。

图 4.6.1　改造前房屋情况及周边环境（图片来源：《梦想改造家》节目组）

改造前照明环境分析

房屋空间小，室内自然采光差。层高低，吊顶难度大，全屋吊顶只会导致室内更加压抑。点位太多、过度开槽走线可能对老房结构产生破坏性的影响。老人和孩子的生活作息不一样，却都对空间与灯光有着自己的需求（图 4.6.2）。

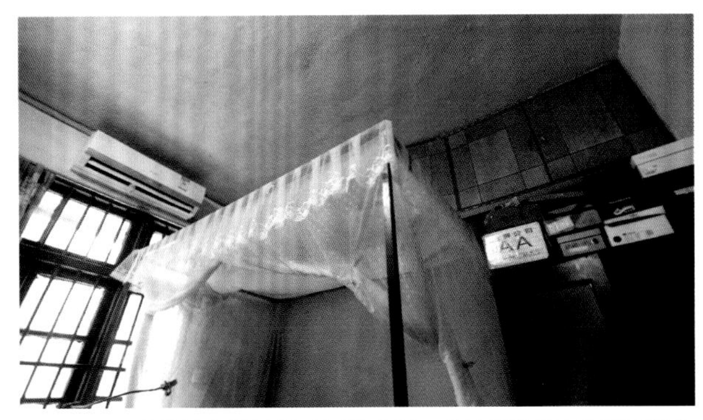

图 4.6.2　改造前房间情景（图片来源：《梦想改造家》节目组）

智能照明改造过程及改造后效果

（1）随装随取随心变，明装磁吸轨道灯

Yeelight 易来仅 5 mm 厚的超薄磁吸轨道灯不需要吊顶，不影响层高，又兼具美观性。无须多个电路走位，也不需对墙体开槽，就能实现多个点位的灯光布置，既消除了危险施工的隐患，又解决了无吊顶还想要无主灯设计的难题，10 s 即可安装，为家赋予更多可能（图 4.6.3、图 4.6.4）。

图 4.6.3　改造前后房间采光对比（图片来源：《梦想改造家》节目组）

图 4.6.4　改造后房间情景（图片来源：《梦想改造家》节目组）

（2）让人足不出户共享蓝天的青空灯

老人行动不便，很少到户外去看大自然和蓝天白云。房屋采光又差，长时间在这种环境下生活，容易使人产生抑郁情绪，对身体和生活造成负面影响。设计师用青空灯很巧妙地解决了这一难题。

通过对几个房间的考量，发现厨房是设置青空灯的最佳位置。青空灯可以为利用率最高的厨房带来一片蔚蓝的天空，真实还原身处蓝天下的阳光感，为烹饪增添一份乐趣，给人带来轻松惬意的好心情（图 4.6.5）。

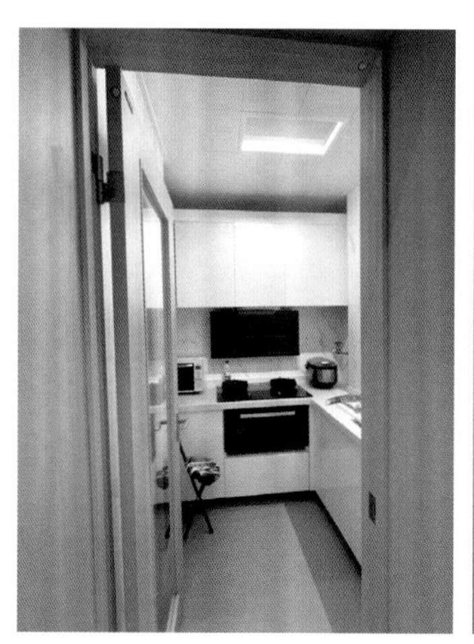

图 4.6.5　青空灯设计（图片来源：Yeelight 易来）

（3）隐秘却作用巨大的感应小夜灯和人在传感器

夜晚有人经过时，光控感应小夜灯实现自动开启，人离开 15 s 后，小夜灯自动关闭（图 4.6.6）。同时，传感器精准感知人体移动、微动及环境变化，从而准确地对空间中的智能设备做出相应的指令，高“智商”的感知算法将误识别率降到了最低。智能感应，让家中的夜晚更美好。

图 4.6.6　感应小夜灯设计（图片来源：《梦想改造家》节目组）

（4）想做适老化的灯光设计，哪些要素必不可少

① 适当提高室内照度，使各区域亮度均匀。老年人居住环境的照度要更高一些，因为老年人对不同亮度环境的转换适应性较差，所以灯光设计要避免亮度的突变，以免由于亮度均匀性降低而导致人对光的适应能力减弱。

② 选用高显色指数、防眩光的灯具。选用显色指数较高的光源有利于老年人对室内色彩的正确分辨。同时，要注意采用多光源照明来达到较高的亮度，提高亮度的均匀性。本案采用的灯具都具有防眩设置，避免反射光刺眼（图 4.6.7）。

图 4.6.7　无主灯设计（图片来源：Yeelight 易来）

③ 高频动线及区域内增加人体感应灯。老年人行动不便，特别是在夜间活动时，应额外设计灯光作为行走的引导线。比如为照顾老年人起夜，应在其卧室通向卫生间的走道及其他高频动线上设置照明光源，以便增加其夜间行走的便利性和安全性。

在灯具的选择上，建议选择内置人体红外传感器和光敏传感器的无线小夜灯，其可以监测到环境中人体移动的信息，自动为老人开灯。另外，考虑到老年人使用小夜灯的场景较多（起夜、夜间找药品等），应选择具有磁吸、粘贴、悬挂等多种安装方式的小夜灯（图 4.6.8）。

图 4.6.8　兼具多种安装方式的小夜灯（图片来源：《梦想改造家》节目组）

④ 多点控制，遵从老年人生活习惯。控制开关应设置在明显且符合老年人生活习惯的位置，比如门前、床头。同时在老年人的主要活动区域内可适当增加无线开关数量。另外，智能开关和传统开关可同时使用，以符合老年人的使用习惯为前提，尽量减小他们的学习压力。

类似本案中的老旧小区在国内还有很多，这些房屋或多或少存在不合适改造的结构问题或其他问题，通过超薄磁吸轨道灯和青空灯等智能灯具的运用，可以很好地解决居住者照明及舒适度的问题。希望通过本改造案例的介绍，能够为众多有着相似居住问题的业主提供改造范本。

5 商业空间智能照明案例剖析

▷医院健康照明：重庆大学附属肿瘤医院儿童病房

▷绿色办公照明：易来全球研发中心

▷连锁商业照明：蜜雪冰城连锁零售店

▷高端餐饮照明：船歌宴八大关店

▷国有银行照明：交通银行青岛分行总部

▷企业展厅照明：茅台文化馆

注：本章除案例1为易来联合《梦想改造家》设计师共同设计外，其他案例均为易来照明设计师设计，图片来源均为易来。

案例1 医院健康照明：重庆大学附属肿瘤医院儿童病房

项目背景

都说医院的阳台和楼梯间是故事最多的地方，或者说是眼泪最多的地方。我们希望给需要治疗的孩子们一片属于他们的温馨天地，打造一个充满治愈感的“新家”。

在重庆的一所肿瘤医院的住院部，有一群天真可爱的孩子，他们和其他小朋友不太一样，因为他们都剃光了头发，但他们又和其他小朋友都一样，嬉笑玩耍甚至“大闹天宫”。任凭是谁看到他们，再硬的心也会柔软下来，抽痛不已。

重庆大学附属肿瘤医院的病房都是按照医院整装模式打造的标准病房，跟大部分医院一样，几张床位、几块分隔布帘还有冰冷的医疗设备（图 5.1.1）。对于成人来说，这样的病房已经习以为常，但是对于在治疗的孩子们来说，既增加了他们对病魔的恐惧，又束缚了他们爱玩的天性。

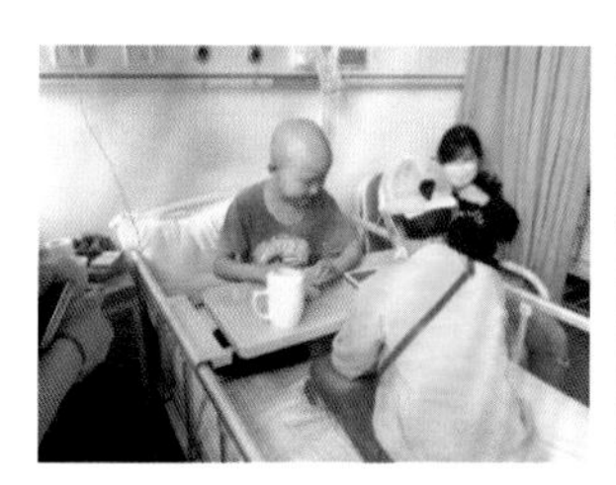

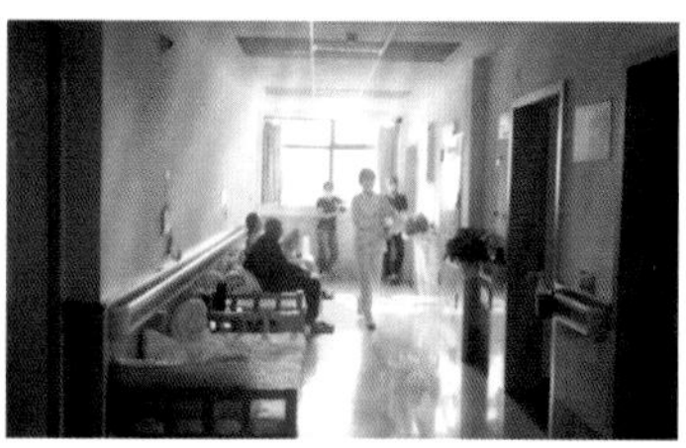

图 5.1.1　改造前病房情况

改造前照明环境分析

改造前，病房、走廊灯具采用格栅灯，这是典型的办公照明灯具，特点为高亮度、高色温。过于正白的光色让整个空间充满冰冷感，尤其对儿童来说缺少温暖的感觉，再加上医院压抑的气氛，容易束缚孩子们爱玩、好奇的天性，不利于他们治疗期间的身心健康（图 5.1.2）。

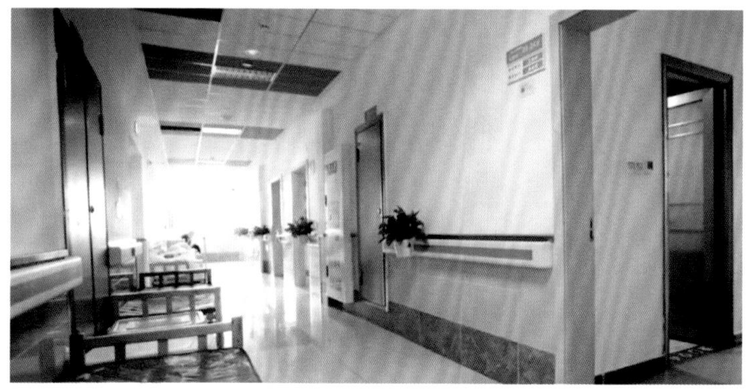

图 5.1.2　改造前走廊的灯光情况

这家医院的灯光还存在严重的频闪和眩光，部分格栅灯内的灯管损坏和光衰导致局部亮度低（图5.1.3）。频闪、眩光和亮暗不均，会引起孩子眼睛的不适感和疲劳感，不利于保护孩子的视力。

除了上述问题，因为医院采用的灯具属于典型的工程产品，所以为了提高光通量参数，显色指数非常低，对物体真实色彩的还原度很差，照在医院以白灰为主的墙面、地面上时，空间更加显得冰冷。因此改造病房的灯光和软装设计同样重要。

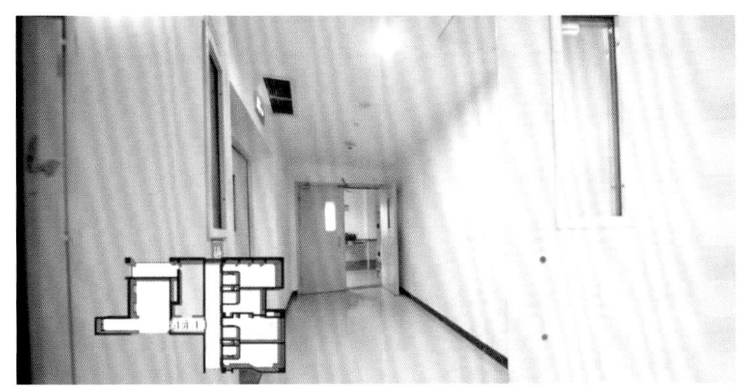

图 5.1.3　改造前，过道的筒灯眩光严重

智能照明改造过程及改造后效果

（1）重新设计灯光，选用暖色温、高显色指数、低眩光的灯具

① 病房区：因为孩子大部分时间都会待在病房里，所以病房的灯光应优先考虑健康照明。在设计儿童病房的光环境时，既要考虑到功能性，又要兼顾安全性能，做到亮度均匀、无暗角、无强眩光，且尽量避免强光直射入眼。

病房内的主照明灯具换成了低眩光、无频闪的智能面板灯，基础光照色温调整到 4000 K，不仅使整个空间充满温馨感，而且可以根据孩子的起居时间调整不同的亮度，避免长时间的高照度引起眼部不适。同时，对于孩子在夜间睡眠的用光，在天花的角落增加了智能灯带，将光源内藏实现见光不见灯的效果，在夜晚关闭面板灯后，低照度、低色温的灯带营造出月光般的温馨感，躺在床上没有直射光入眼，有助于保护孩子视力且让他们尽快进入睡眠状态。夜间常亮灯带的设计，为孩子起夜和护士查房提供了适度的光照，也不会影响孩子的睡眠（图 5.1.4）。

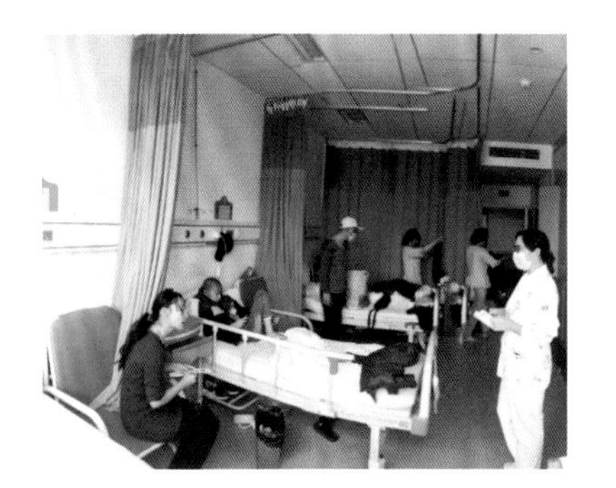

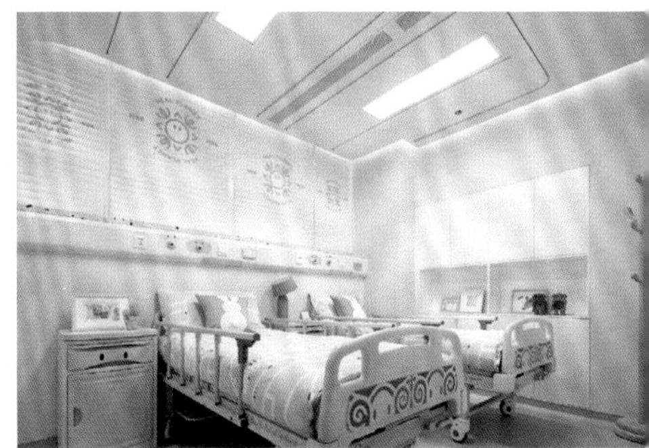

图 5.1.4　病房改造前后的灯光对比

② 卫生间：对于病房内的卫生间，在专门为儿童设计的高低洗手台上方设计了两盏深防眩智能射灯，用于照亮整个洗手台区域。设计师还特意在大小镜子后面增加了灯带，一方面为了用光影勾勒墙面的形状，充满童趣；另一方面孩子起夜如厕时，可以关闭射灯，只开低亮度的灯带，不会影响孩子的后续睡眠（图 5.1.5）。

图 5.1.5　卫生间洗手台改造后的灯光效果

③ 走廊等公共区域：对于走廊等公共区域，取消了面板灯、格栅灯等工程类灯具，大量采用了深防眩智能射灯和智能灯带。用射灯做重点照明，用灯带做氛围照明，配合新的软装设计，大大弱化了医院给人的冰冷印象，更像是一个儿童乐园（图 5.1.6）。选用智能灯具后，走廊的灯光场景可以根据时间和需求去设置，白天选择高亮度、高色温的灯光来补足大纵深导致的内部采光不足；傍晚又摇身一变，选择中亮度、中色温、高对比度的灯光，瞬间将紧张严肃的治疗环境变成了“魔法乐园”；深夜时选择低亮度、低色温的灯光，只保留护士台区域的高对比度，不仅让夜晚变得温馨宁静，而且能实现高达 80% 的照明节能。

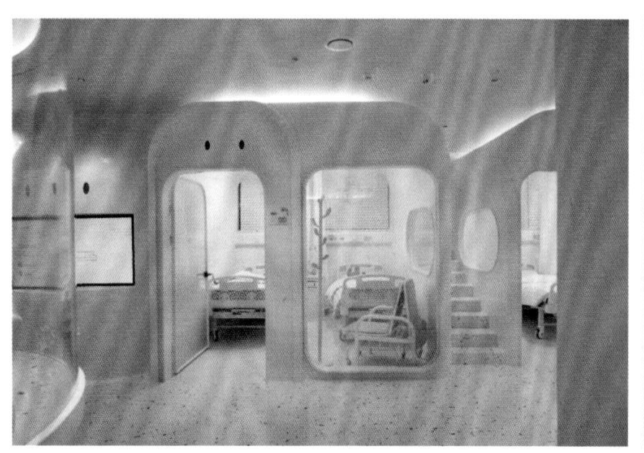

图 5.1.6　走廊区域改造前后的灯光效果对比

④ 游戏区：为避免孩子长时间待在病房压抑的环境里，设计师和医院都希望能为他们打造一个游戏的区域，让他们在这里结识更多的小朋友，大家相互打气，一起战胜病魔，因此特别选择了一个面积稍大的公共区域改造为儿童游戏区。在灯光设计上，既要满足日间的照明需求，又要满足晚上的氛围照明，所以采用了智能平板灯和智能灯带相结合的方式来设计用光。

设计师同时还在乐园里光线不好的地方放置了智能小夜灯。它不仅外形小巧可爱，能起到装饰的作用，而且可以根据环境亮度和人体感应实现人来灯亮、人走灯灭的照明效果，在晚上可以更好地陪伴小朋友们玩耍，丰富了孩子在医院的生活（图 5.1.7）。

图 5.1.7　儿童乐园改造后的灯光效果

（2）青空灯还原真实阳光

整个儿童病房区除大量使用了智能平板灯、智能射灯和智能灯带之外，针对孩子因为身体原因不能去户外玩耍的问题，设计师选择了可以“把蓝天搬进病房”的青空灯。

青空灯真实还原了阳光的照耀感和蓝天的深邃感，让不能去户外的孩子也能拥有沐浴在阳光下的真切感受。青空灯采用了阳光的瑞利散射原理，不仅能真实地模拟蓝天，而且照出的光不含紫外线。孩子们可以放心地在青空下玩耍，减轻病痛和压抑感，就像其他健康的小朋友一样，快快乐乐地生活（图 5.1.8）。

图 5.1.8　青空灯下的乐园

(3) 利用灯具达到仿生效果

无论是自然光还是人工光，其光线与空间的交融，可以在不同的时间演绎不同的光影效果，所以灯光的显色性越好，对颜色的还原呈现也就越真实。此案例中，设计师全部采用了高显色指数的专业灯具（显色指数 95），不但能真实还原物品在阳光下的色彩，还给在医院中远离阳光的小朋友带来亲近大自然的愉悦感，缓解他们低落的心情（图 5.1.9）。

图 5.1.9　高显色指数灯光下的绿植区

本次改造中，设计师特意选用了 Yeelight Pro 全套智能照明产品，包括智能平板灯、智能射灯、智能灯带和智能控制系统等，就是为了通过智能调节灯光的色温和亮度，用温暖多变的灯光使环境不再冰冷，让病房有家的温度。同时，大量使用的智能灯带不仅可以调节灯光氛围，而且可以与卡通形象相结合，赋予卡通人物“生命”，让它们陪伴孩子一起治疗，一起痊愈，治愈孩子幼小的心灵。

整个病房区部署的 Yeelight Pro 无线智能照明系统，可以用 APP 和全面屏开关来切换预设模式或者精准调光，也可以设置自动化灯光来提醒孩子起床、吃饭和睡觉（图 5.1.10）。例如，设计师设置了病房内的睡眠模式，在入睡前 1 小时内，灯光的色温和亮度随时间逐渐降低，让孩子慢慢适应光环境的变化；到睡眠时间后，平板灯关闭，只留下星空灯和灯带的微光，提醒小朋友该睡觉了。有了星星的陪伴，他们会在舒适的环境下更容易入睡，养足精神迎接新一天的到来。

图 5.1.10　病房内的智能控制系统

儿童病房的案例，验证了无线智能照明商用系统的易部署性和青空灯对情绪的正向影响，尤其是儿童用光的实践。因为儿童的眼睛相较于成人来说更敏感、更脆弱，所以在设计儿童场所照明的时候，防眩光和暖色温尤为重要，而且针对儿童不同作息时段的用光需求，采用智能照明的舒适度会更高。另外，本次项目成功地使用了青空灯这一全新的仿自然光灯具，对于一些采光不好的区域有明显的照明改善，给心理体验和视觉观感带来双重提升。

案例2 绿色办公照明：易来全球研发中心

项目背景

作为一家智能科技公司，易来从老板到员工都希望通过自主研发的产品使办公环境更加舒适和充满科技感。

易来全球研发中心坐落于青岛市崂山区国际创新园，面积为 1200 m^2，设计工位 160 个，同时还有实验室、会议室、前台、茶水吧等功能区，所以整个研发中心除日常办公外，还有会议、洽谈、实验和休闲等多种场景。

本次改造，除了以科技感为设计目标，作为一家极具环保意识的公司，造价和节能也是同样要考虑的重要因素。所以，设计师大胆地在办公空间使用了基于无线蓝牙 Mesh 技术的易来自主研发的照明系统，省去了布线的麻烦，也降低了装修的成本，缩短了工期。另外，因为灯具数量特别多，考虑到系统待机的功耗，全部使用了 0.1 W 的超低功耗驱动，以实现绿色节能的设计初衷。

改造前照明环境分析

此办公楼层属于二次改造项目。改造前，照明设计师对灯光环境的照度、色温进行了测量，也收集了部分员工日常的工作时间、工作习惯等信息。经过设计师的详细调研，发现此办公楼层的照明环境主要存在以下 4 个问题，需要重点改进（图 5.2.1）：

图 5.2.1　改造前的灯光

① 灯光照度不均匀，部分区域照度偏低，尤其是很多角落里的工位桌面，照度严重不足，需要台灯补光。

② 非智能的灯具亮度、色温不可调节，低显色性的 6500 K 正白光有利于提高效率，但是对于白天都在工作，晚上还要加班到深夜的工程师来说，缺少人文关怀，同时也容易造成视觉疲劳。

③ 整间办公室在日间采光很好，但过强的阳光使得员工不得不长期拉下卷帘开灯工作，既不舒适，又不节能。

④ 员工下班时经常忘记关灯，整夜开灯非常浪费资源。

智能照明改造过程及改造后效果

1）改造过程

（1）重新规划灯光需求，设计灯光点位和灯具选型

① 办公区：办公区需要一个明亮、均匀的光环境，也需要出光均匀的大功率灯具。灯具根据座位均匀排布，保证照明环境的明亮、均匀。灯具色温以 4000~5000 K 为宜，太暖会让人产生倦意，太冷容易让人视觉疲劳。所以，设计师在办公区选用了可上下出光的智能吊线灯，下出光用于重点照明，满足工作台的照明需求，上出光用于基础照明，通过天花的漫反射使基础光环境照度均匀，洗亮天花后也会产生空间抬高的视觉效果，让办公空间不显压抑。

办公区条形灯按照均布原则，一般布置在对排摆放的办公桌正中间，这样两边都会有均匀的照明。距离地面高度在 2.3~2.5 m 为宜。

在公共区的过道位置选用了深防眩的明装智能射灯，小角度聚拢的光斑均匀照在过道地面上，通过对亮度的调节和工位照明形成不同的对比度，用来实现不同的灯光场景（图 5.2.2）。

图 5.2.2　办公位和走廊的灯光模拟

② 会议室：会议室的灯光场景需要结合使用需求来设计，所以就需要在会议模式、演说模式、活动模式等多个场景下切换。同时，对大小、功能不同的会议室也设计了不同的照明方案（图 5.2.3）。

大会议室选用了嵌入式智能射灯，在桌子正上方均布，重点照亮桌面。适合有石膏吊顶、面积中等的会议室，旨在突出会议桌面以及参会人员的面部，多样的射灯组合也能够搭配出更加丰富的灯光场景。小会议室选用了上下出光的智能吊线灯，并用线条灯做出包围的造型，具有安装简便、整体明亮简洁、适合各种顶面的特点（注意拼接处要做 45° 切角）。

图 5.2.3　大小会议室的灯光模拟

③ 实验室：实验室作为精细作业的场所，对照度的要求比较高，照明需要均匀、无死角，所以设计师选用了智能面板灯和智能吊线灯。因为实验室采用的是集成吊顶，所以中央区域可以使用面板灯达到出光均匀的效果，同时对两侧的操作台区域使用线条灯做重点照明，增加工作面的照度（图 5.2.4）。

图 5.2.4　实验室的灯光模拟

（2）输出灯光点位图和伪色图模拟

根据各区域的设计方案，设计师做了整个研发中心的灯光点位图，初步算下来，控制的设备包括灯具、开关、窗帘等，数量超过 400 个，不仅后期调试的工作量大，而且对无线通信网络的配置形成了压力（图 5.2.5）。

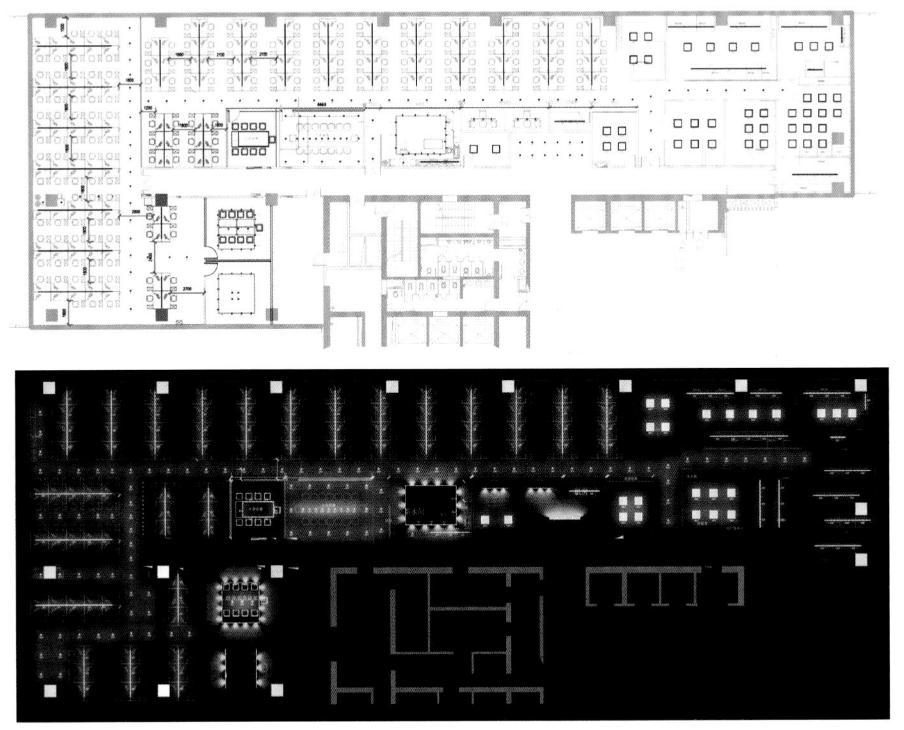

图 5.2.5 研发中心灯光点位

根据灯光点位图，设计师用软件进行了灯光模拟（图 5.2.6）。从伪色图上看，第一，整个办公区域内的光照均匀度非常高，基本消除了暗区，平均照度达到 300 lx；第二，对工作面也做了很好的重点照明设计，确保桌面照度可以达到 500 lx，光效充足且低眩光；第三，大小会议室因为选用了万分级超深度调光的灯具，可以在高照度的会议模式和低照度的 PPT（演示文稿）模式间自由切换，方便进行不同的会议和活动。

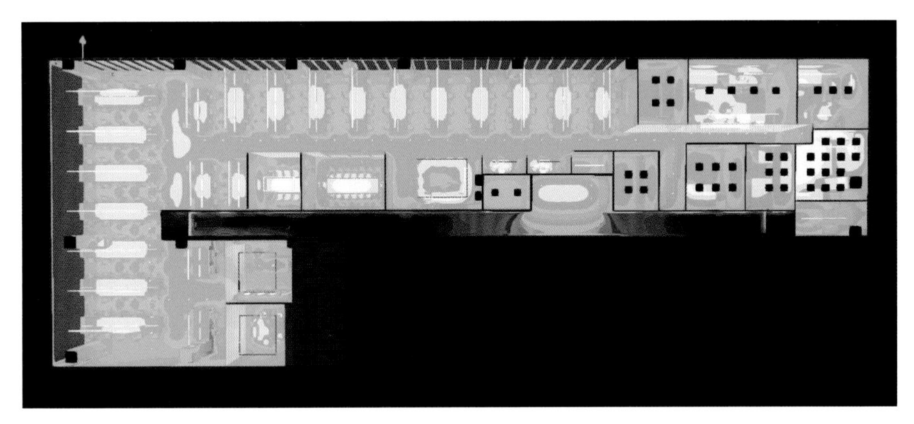

图 5.2.6 研发中心伪色图模拟

（3）无线系统的布置

满足照明需求之后，设计师需要再从工程实现的角度来布置智能照明系统。因为研发中心全部使用了易来自主研发的无线蓝牙 Mesh 系统，所以不需要为每个灯位设计总线，仅需供电即可，这极大地简化了设计师的工作，也节省了大量的布线施工成本。无线系统也有其局限性，单网络的设备数量、通信距离和穿墙性能都需要重点考虑。最后在工程人员的协助下，设计师使用了 4 个蓝牙 Mesh 网关作为子网络枢纽，用宽带线把这 4 个网关连接到同一交换机上，再形成一层主网络（图 5.2.7）。两层 Mesh 网络确保了单网关下设备的局域网通信和多网关之间的跨网关通信需求，而且可以部署私有本地服务器，不需要再上云端去处理数据，这为政府、银行、军队等有高度保密需求的机构提供了安全可靠的无线智能照明系统。

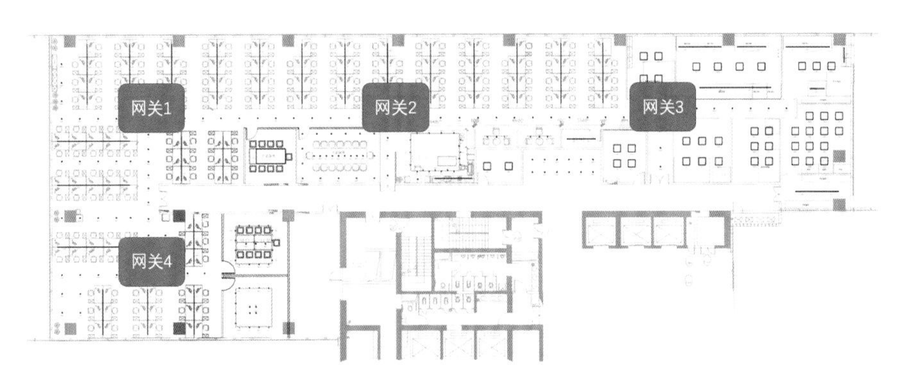

图 5.2.7 研发中心网关位置

2）改造后效果

经过对各区域智能照明的改造，公司整个办公环境得到了极大改善。

（1）办公区

在办公区采用了智能灯光和智能卷帘来改造照明环境后，不仅使办公室更加美观，还间接提高了整个公司的生产力。因为充足、舒适的照明会提高员工的工作效率，缓解用眼疲劳，降低出错率。

在控制方式上采用了多种智能化、自动化相结合的形式，例如通过对智能卷帘和智能灯光的控制，在白天尽量采用以日光照明为主、遮光补光为辅的照明方案，晚间增加一键关灯的功能，节约能源。

办公模式：亮度 100%，色温 6500 K（表现为下出光），提高桌面亮度，提升员工工作效率（图 5.2.8）。

图 5.2.8　办公区办公模式实景

温馨模式：亮度 100%，色温 4500 K（上下各半出光），通过开启一半上出光和一半下出光，以及漫反射和直接照射相结合的形式，营造更加舒适的光氛围（图 5.2.9）。

图 5.2.9　办公区温馨模式实景

休闲模式：亮度 100%，色温 2700 K（表现为上出光），通过点亮天花板，间接照亮桌面，一是可以完全避免眩光，二是可以通过漫反射的形式让光更加柔和，营造轻松的氛围（图 5.2.10）。

图 5.2.10　办公区休闲模式实景

节能模式：亮度 30%，色温 4500 K，在减轻员工看电脑产生的视觉疲劳的同时，降低灯光的能耗（图 5.2.11）。

图 5.2.11　办公区节能模式实景

为了实现员工对工位灯光的自主控制，易来还研发了二维码控灯技术。员工扫描工位上的二维码，即可进入单灯控制模式来控制自己工位上方的灯光亮度，真正做到科技以人为本（图 5.2.12）。

图5.2.12　办公区工位调光操作界面

除了常用的灯光模式外，设计师还根据研发中心的日常办公时间，设置了一系列的自动化定时功能，日常办公照明场景自动切换，无须频繁的人工参与。

自动化办公模式（上午）：周一到周五 8:50—11:30，整体灯光亮度 100%，色温 4000 K，唤醒员工活力，开启办公生活。

自动化午休模式（中午）：周一到周五 11:30—13:25，灯光亮度从 0 到 100% 过渡，色温在 2700 K 到 4000 K 之间进行调整，便于员工吃饭及午休。

自动化办公模式（下午）：周一到周五 13:25—20:00，整体灯光亮度从 0 到 100% 过渡，色温从 2700 K 到 5000 K 过渡。冷色温便于激发员工活跃性，开启下午美好办公时间。

自动化下班模式：周一到周五的 20:00 之后，整体灯光亮度降低到 10%，傍晚员工离去，享受温馨休闲时光，放松身心。

自动化加班模式：节假日及周六日默认关灯（加班人员可通过个人工位调整灯光，实现整体办公节能、低功耗的目标）。

（2）会议室

会议室根据使用情景的不同，可分为会议模式、视频模式、讨论模式及节能模式等（图 5.2.13）。

图 5.2.13　会议室多模式实景

会议模式：灯光亮度 100%，色温 3000 K，照亮全屋并赋予较低的色温，明亮温暖的灯光可以提起员工的劲头，激发热情。

视频模式：灯光亮度 70%，色温 4000 K，较暗的灯光适合视频会议。

讨论模式：灯光亮度 100%，色温 5500 K，较冷的灯光能够让人保持冷静，提高讨论效率。

节能模式：灯光亮度 10%，色温 4000 K，会议结束后，感应器感应到无人移动就会切换到此模式，节约能源。

（3）前台区域照明

前台一般会展示公司的标志，使用重点照明的方式能够让人第一眼就看到。因此，设计师除了选用轨道射灯和嵌入式射灯外，还特意选择了 4 盏青空灯联排安装，如同顶面开了 4 扇天窗，自然的灯光赋予空间无限活力，用满满的科技感象征公司对于创新的不倦追求（图 5.2.14）。

图 5.2.14　易来前台实景

易来全球研发中心的案例，验证了易来无线智能照明商用系统可以大规模部署在写字楼等办公环境，除了具有智能化、自动化和低成本、易维护的系统特点外，还能通过设计师的设计，真正实现办公照明以人为本，不但提升员工在工作时间的效率，而且让员工在非工作时间得到很好的放松和休息。同时，智能照明对于绿色办公的意义还在于真正有效实现节能系统化，在不同时段调整不同的灯光亮度，下班后的“人走灯灭”、一键关灯，以及平时低至 0.1 W 的超低待机功耗和智能控制的中央空调系统，都极大地避免了能源浪费。易来全球研发中心改造后的照明和空调能耗较改造前降低了 40%，绿色办公从智能照明开始。

案例3 连锁商业照明：蜜雪冰城连锁零售店

项目背景

好的照明对于餐饮店的获客、氛围营造、成本控制都有着不可忽视的作用，智能照明更是时代所需。

蜜雪冰城作为国内知名的冷饮奶茶连锁品牌，在全国范围内有超过 1 万家直营和加盟门店（图 5.3.1）。其门店主要经营业态有两种：一种是面积较大的堂食店，可以满足顾客购买、堂食和休闲娱乐的需求；另一种是面积较小的窗口店，主要满足顾客外带和外卖的需求。针对 1 万多家门店和两种经营业态，蜜雪冰城总部希望用智能照明来满足门店在不同场景下的照明需求，达到吸引顾客、健康舒适和节约能源等多重目的，同时希望借助智能化系统实现门店的统一运营管理，合理控制成本。

图 5.3.1　蜜雪冰城门店照明效果

改造前照明环境分析

此项目日常营业时间较长，堂食店和窗口店都属于顾客人流密集区域，需要考虑在不同时段下，不同场景的灯光模式。因此，在进行照明设计时，要考虑不同时段的灯光场景。以给予每位到店的顾客舒适、温馨、沉浸式的灯光体验为目标，并利用灯光提升人们的就餐体验，这也有助于提高零售店的服务质量和销售水平。总部可以利用商业照明服务平台进行日常管理，通过后台即可了解到各门店的情况。

智能照明改造过程及改造后效果

要完成蜜雪冰城 1 万多家门店的智能灯光改造，同时还要成本可控。经过多轮的方案沟通和系统测试，业主最终选用了易来的商用 SaaS 系统和商用智能照明产品。本套系统的优势如下：

① 易来商用无线智能照明系统采用蓝牙 Mesh 协议，使设备与设备之间无须布线，采用无线通信，极大地降低了施工和维护成本。

② 每个店的灯光和开关都采用本地协议，不受外部网络的影响，日常稳定性非常高。

③ 网关通过门店的路由器连接上网，门店老板可以通过 APP 查看店里的照明情况，也可以实现远程或者定时开关灯。

堂食店及窗口店照明设计如下：

（1）堂食店照明

堂食店的面积较大，前场的空间主要是用来供顾客排队购买饮品、饮用和休息娱乐，所以除了要求空间内满足整体亮度高、宽敞明亮的视觉感受外，还需要对收款台、休息区和墙壁做重点照明，以及为营造节日气氛而设计的氛围照明。灯具选用了智能象鼻灯、智能轨道射灯和智能灯泡等，同时还在橱柜和踢脚线位置选用了 RGBW 的彩光灯带（图 5.3.2）。

其中，用筒灯做环境照明，为整体空间提供了较为均匀的照度。用高显色指数的智能轨道射灯做点餐区的重点照明，一方面使饮品、餐品更加鲜艳可口，另一方面增强了操作台照度，方便了员工操作。橱柜和踢脚线用的彩光灯带，配合卡座区使用智能灯泡的吊灯来做氛围照明，起到调节空间整体氛围的作用。在卡座下还设置了感应踢脚灯做感应照明，在客户落座后自动亮起，充满仪式感。整个前厅使用环境照明、重点照明、氛围照明和感应照明等多种照明设计手法，相辅相成地组成了完整的店面照明系统，具备了为客户提供沉浸式灯光体验的先决条件（图 5.3.3）。

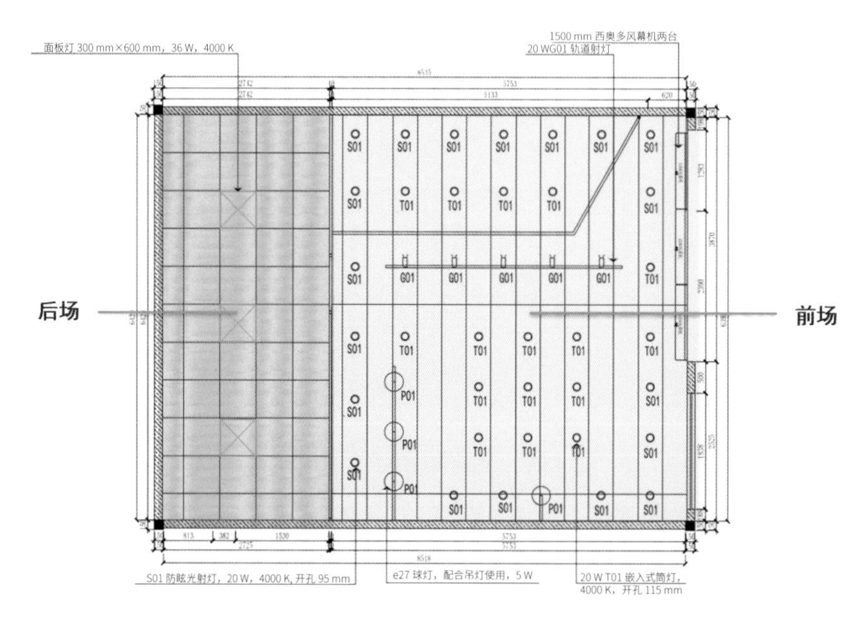

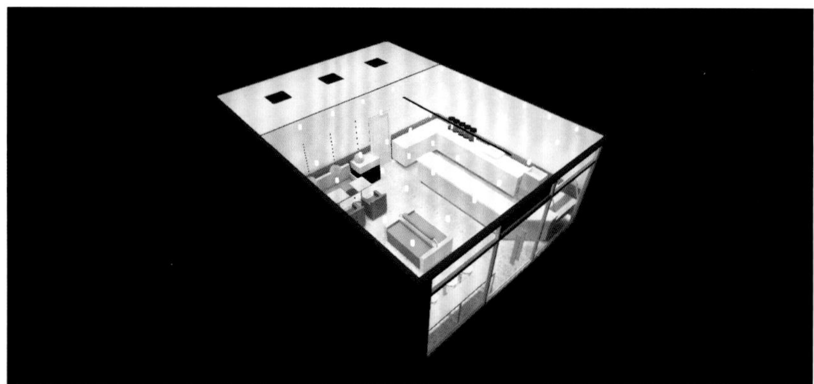

图 5.3.2　堂食店灯光点位

图 5.3.3　前场区灯光模拟

① 前场区伪色图分析：作为一个连锁店项目，需要在满足整体亮度的同时有层次感和高对比度，所以做重点照明的灯具，例如象鼻灯和轨道射灯，均选用了 20 W 的大功率。最终灯光照明满足环境照明 300 lx、洗墙照明 500 lx，以及吧台、卡座桌面 750~1000 lx 的要求（图 5.3.4）。

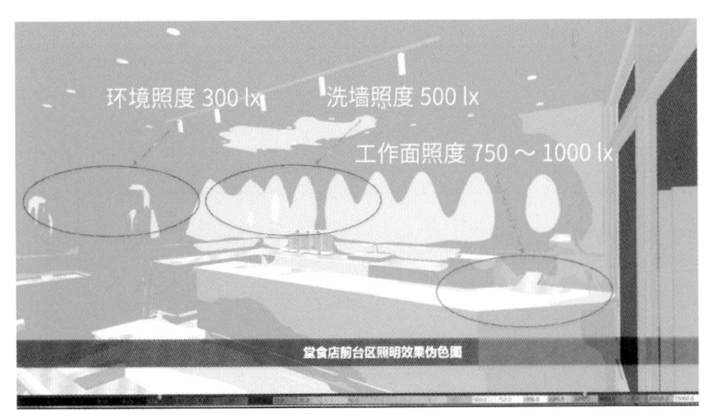

图 5.3.4　前场区伪色图

② 前场区灯光模式：前场区根据不同使用场景，可以调节为多种灯光模式（图 5.3.5）。

图 5.3.5　前场区灯光多模式模拟

活动模式：关闭中心环境照明，保留氛围照明和重点照明，彩光灯带使用蜜雪冰城品牌色，渲染出店面活动时的娱乐氛围。

清扫模式：全场灯具亮度 100%，全场色温 4500 K，提供清扫店面时的全局照明。门头灯及吧台灯不开启，保证节能。

夏日模式：全场灯具亮度 100%，全场色温 5000 K，开启门头灯及吧台灯，给顾客提供清新凉爽的休闲环境。

冬日模式：全场灯具亮度 100%，全场色温 3500 K，开启门头灯及吧台灯，给顾客提供温暖舒适的休闲环境。

工作模式：全场灯光亮度 100%，全场色温 4000 K，营造明亮舒适的氛围。

节能模式：全场灯光亮度降为 30%，全场色温 4000 K，实现节能降耗。

③ 后场区伪色图分析：因为后场区主要用来存储饮品材料，所以保证亮度充足且均匀，地面照度满足 300 lx 即可。因此采用了平板灯作为主要照明灯具（图 5.3.6）。

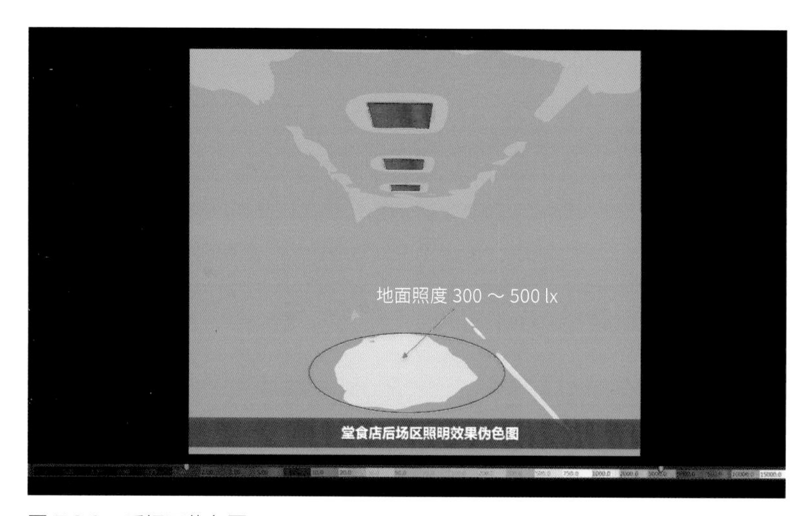

图 5.3.6　后场区伪色图

④ 后场区灯光模式：后场区灯光模式模拟如图 5.3.7 所示。

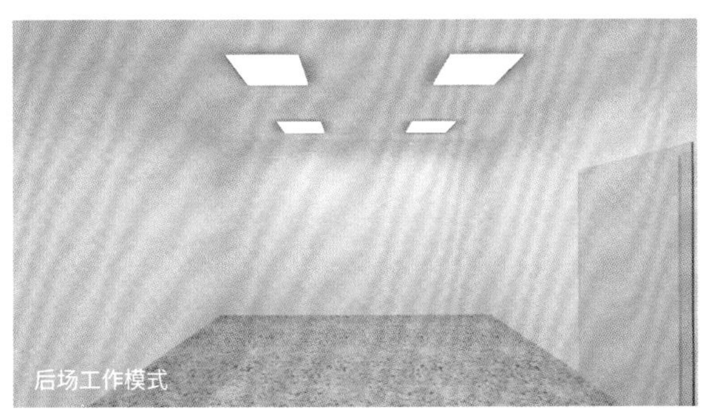

图 5.3.7 后场区灯光模式模拟

（2）窗口店照明

窗口店的面积小于堂食店，前场的空间主要是供顾客购买和等待，所以在收款台处和侧面墙壁上做重点照明和氛围照明，等待区只需要满足明亮的环境照明即可。因此，收款台照明选用了智能轨道射灯，墙面照明选用了智能象鼻灯，橱柜部分选用了彩光灯带，等待区选用了智能筒灯。后场区选用的是智能平板灯，用于均匀照明（图 5.3.8）。

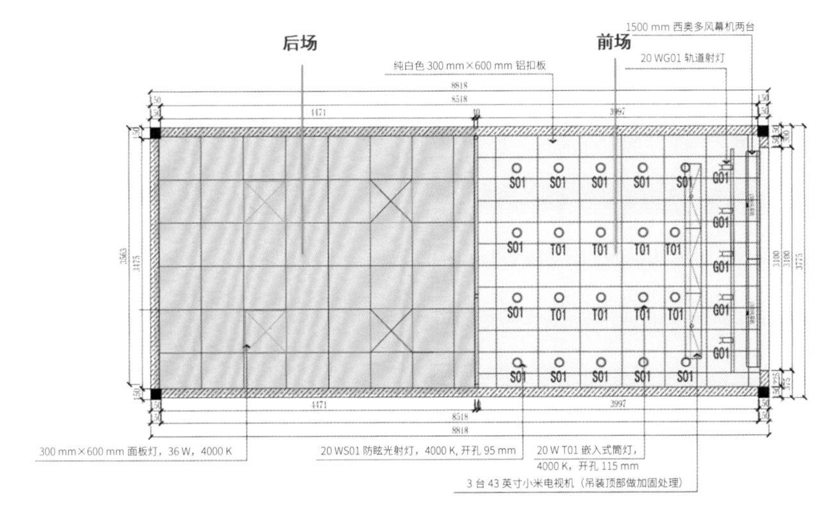

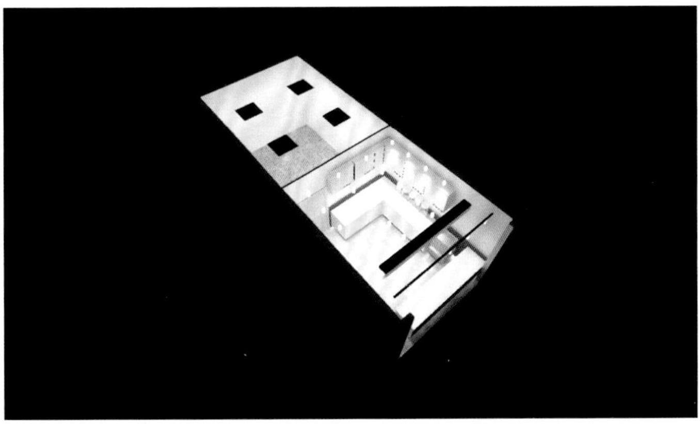

图 5.3.8　窗口店灯光点位

① 窗口店伪色图分析：因为窗口店基本是临街布置，没有太多纵深区域，所以整体门店照度可以略低于堂食店，环境照度为 300~500 lx，工作台照度为 500~750 lx 即可（图 5.3.9）。

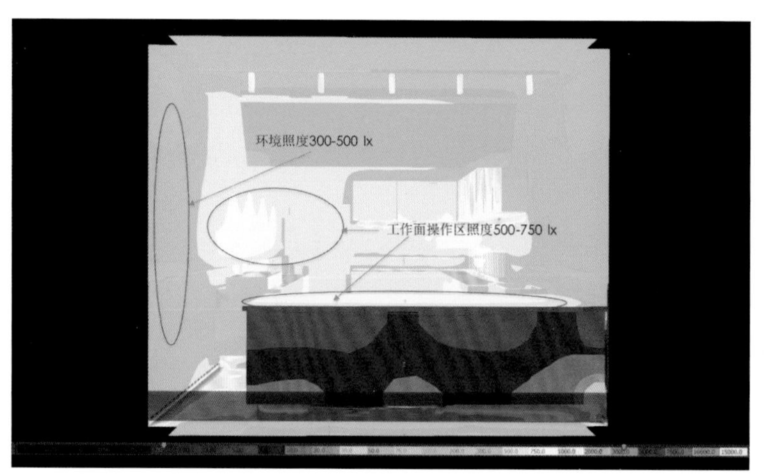

图 5.3.9　窗口店伪色图

② SaaS 管理平台：易来还为业主设计了一套 SaaS 管理平台，业主可以通过云端后台实时了解每个门店的照明使用状况，有助于整体分析和管理（图 5.3.10）。

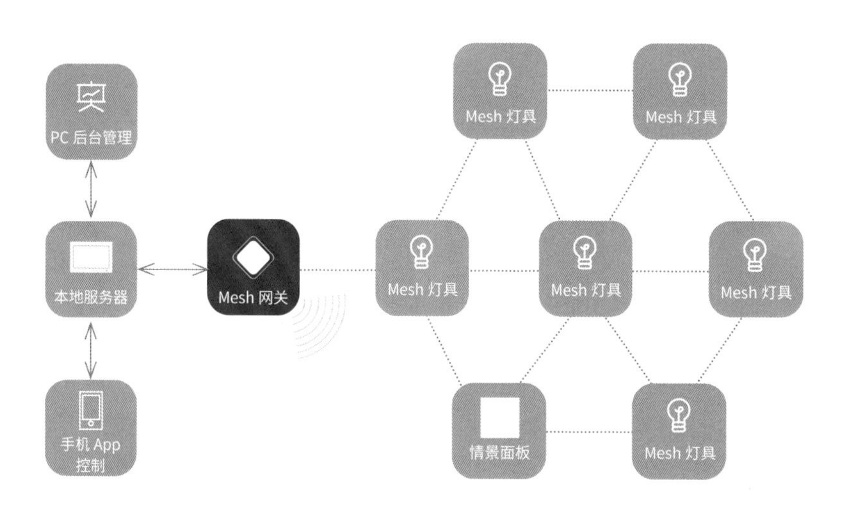

图 5.3.10　易来商用无线智能照明系统架构拓扑图

附：零售店照明设计标准

《建筑照明设计标准》GB 50034—2013 要求店面中 0.75 m 高水平面的灯光照度标准值为 300 ~ 500 lx（表 5.3.1）。蜜雪冰城项目的设计照度为 650~750 lx，通过提高照度可以实现更明亮通透的门店效果。

表 5.3.1 商店建筑照明标准值

房间或场所	参考平面及其高度	照度标准值 /lx	统一眩光值 UGR	照度均匀度 U_0	显色指数 R_a
一般商店营业厅	0.75 m 水平面	300	22	0.60	80
高档商店营业厅	0.75 m 水平面	500	22	0.60	80
一般室内商业街	地面	200	22	0.60	80
高档室内商业街	地面	300	22	0.60	80
一般超市营业厅	0.75 m 水平面	300	22	0.60	80
高档超市营业厅	0.75 m 水平面	500	22	0.60	80
仓储式超市	0.75 m 水平面	300	22	0.60	80
专卖店营业厅	0.75 m 水平面	300	22	0.60	80
农贸市场	0.75 m 水平面	200	25	0.40	80
收款台	台面	500*	—	0.60	80

注：* 指混合照明照度。

蜜雪冰城项目的案例，验证了易来无线智能照明商用系统的施工便捷性和无限扩容的优势。面对数量庞大的门店，首先要解决每个门店的部署成本和稳定性问题，这一点恰好是无线系统的优势。同时，对于大规模连锁企业的物联网，易来的商用 SaaS 系统可以把众多分布式的门店纳入系统中，便于日常管理和分析。除智能化之外，店铺的灯光设计发挥了显著的作用，精心设计的照明对于店铺销售和客户体验非常重要，智能照明的多场景光照有效提升门店的销售体验和舒适度，同时实现了绿色节能的目标。

案例4 高端餐饮照明：船歌宴八大关店

项目背景

高端餐饮场所的照明如同它的食材一样重要，如何让顾客体验到置身于舒适的环境是本设计的重点。

船歌鱼水饺餐厅创立于 2009 年，是一家专注于海鲜水饺的青岛本地胶东菜连锁餐饮品牌，后升级为船歌宴餐厅。该项目坐落于青岛的核心景区太平角，旁边就是著名的八大关，门前是青岛美丽的海岸线，坐拥红砖绿瓦、碧海蓝天的自然景观（图 5.4.1）。因此，业主的诉求是内部灯光设计要营造出高端尊贵的就餐环境，外部灯光设计要融入山海月的自然景观之中。

图 5.4.1　船歌宴八大关店改造前环境实拍

改造前照明环境分析

因为这是一家高档餐厅，所以灯光设计要突出食品的色泽和摆盘的效果，加深食客们对菜品色、香、味、意、形的印象，符合高档餐厅的定位。

这里也是一家高端会所，除餐饮区域外，公共区域照明设计也尤为重要，包括大厅、走廊、收银台、厨房、茶室等都需要充满意境。

整个户外景观需要亮化，从建筑外立面开始一直延伸至停车场，要融入山海月的自然景观之中，还要兼具节能的要求。

智能照明改造过程及改造后效果

1）室内照明

（1）前台、收银区

对于前台的灯光设计，除在吧台区做好重点照明之外，其他位置使用大量的灯带和壁灯构建灯光氛围。高端场所不一定要高照度，采用低照度、高对比度的灯光可以更好地体现建筑细节（图 5.4.2）。

图 5.4.2 前台收银区照明效果

（2）开敞就餐区

开敞就餐区的整体环境亮度要高，同时根据餐桌的位置做好桌面的重点照明。餐饮行业尤其重视对食物色泽的还原，建议采用显色指数 90 以上的灯具（图 5.4.3）。

图 5.4.3 开敞就餐区照明效果

（3）公共区域走廊

走廊部分除保留几盏射灯做重点照明之外，其他全部采用灯带借助灯箱、柜体和踢脚线的位置做隐藏式氛围照明(图 5.4.4）。

图 5.4.4 公共区域走廊照明效果

（4）独立小包房

做好就餐区的重点照明，要注意射灯的防眩性和照射角度，以免眩光直射顾客的眼睛，或直射光照到顾客的头顶。就餐区之外的位置用灯带做氛围照明，与就餐区形成适宜的照度差，有利于将顾客的视觉焦点集中于菜品之上（图 5.4.5）。

图 5.4.5　独立小包房照明效果

（5）茶室

茶室的茶台之上建议使用吊线灯，缩短出光面与桌面的距离可以有助于防止杂光扩散以及降低灯具功率。在茶台上增加一个可以调节亮暗和色温的旋钮开关，可以使品茶人的灯光舒适感更上一层楼，其他位置用灯带做氛围照明即可（图 5.4.6）。

图 5.4.6　茶室照明效果

（6）豪华大包房

豪华大包房一般用于接待尊贵的客人，同时需要接待一些有特殊需求的客人，例如举办生日宴会或者营造浪漫场景等。所以，大包房的灯光做了多层次的设计，用射灯做就餐区的主照明，吊线灯做品茶区的主照明，大量的灯带做多个位置的氛围照明，在就餐区上方顶面还设计了星空顶，用不同位置灯具的亮暗、色温和色彩调节来实现多场景的用光体验（图 5.4.7）。

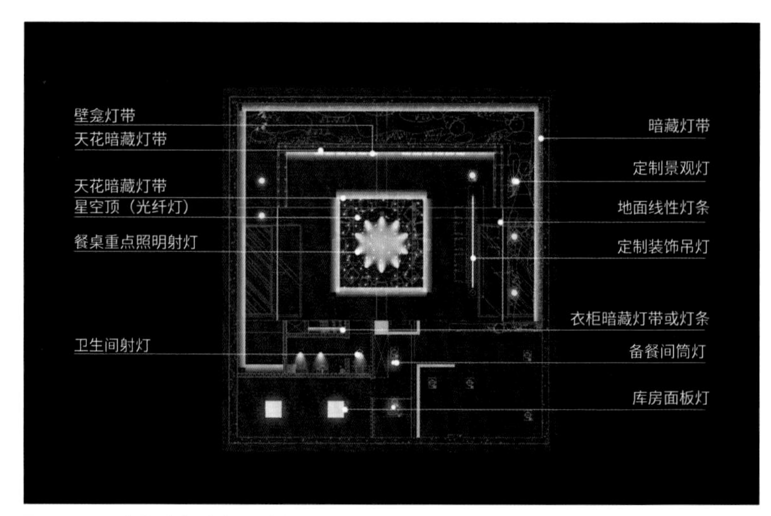

图 5.4.7　豪华大包房灯具点位

豪华大包房又可分为以下 5 种模式，根据不同模式设计不同照明方案：

① 迎宾模式：将全部灯具调整为高亮 4000 K，氛围光为 100% 橙黄色，星空顶为蓝色呼吸效果，营造宾至如归的感觉，温暖明亮的灯光让顾客更加有相互交谈和品尝美食的兴致（图 5.4.8）。

图 5.4.8　大包房迎宾模式照明效果

② 宴请模式：将品茶区灯光关闭，就餐区主灯具调整为高亮 4000 K，氛围光为 100% 橙黄色，星空顶为黄色呼吸效果，为尊贵的宾客营造出一种大气、隆重之感。精心设计的灯光效果以及可口丰盛的宴席，使人流连忘返（图 5.4.9）。

图 5.4.9　大包房宴请模式照明效果

③ 茶歇模式：将就餐区的灯光调整为低亮 3000 K，茶台区灯光调整为高亮 3500 K，氛围光为 100% 橙黄色，星空顶为黄色呼吸效果。放松、舒适的氛围，配上清香宜人的茶水，给人满足、惬意之感（图 5.4.10）。

图 5.4.10　大包房茶歇模式照明效果

④ 生日模式：关闭茶台区灯光及部分射灯，保留就餐区的中亮 3000 K 灯光，氛围光为 100% 蓝紫色，星空顶为蓝色呼吸效果。温馨美好的灯光，非常适合唱起祝福的生日歌谣（图 5.4.11）。

图 5.4.11　大包房生日模式照明效果

⑤ 求婚模式：关闭茶台区灯光及大部分射灯，仅保留就餐区的中亮 3000 K 灯光，氛围光为 100% 粉紫色，星空顶为粉紫色呼吸效果。浪漫又富有情调的灯光，适合表达真挚浓烈的情感（图 5.4.12）。

图 5.4.12　大包房求婚模式照明效果

2）室外照明

船歌宴八大关店的外部建筑整体为白色，取自《庄子·人间世》：“虚室生白，吉祥止止。”原意是说空的房间才显得敞亮，从而好事不断发生。引申为在空间中运用适当的留白，更可以给人留下对艺术意境遐想的余地。本案建筑外立面的照明即从中汲取灵感，主要采用灯带和洗墙灯来勾勒建筑轮廓，并映衬出白色的质感（图 5.4.13）。

图 5.4.13　外部建筑灯光效果

枯山水一尘不染，却宛如见到高山耸立，无水一滴，但能感觉出飞瀑落下，于喧嚣中感受风之召唤、月之邀请。庭院灯光设计主要采用庭院灯、投光灯和灯带，使庭院照明融入有山有水的自然景观之中（图5.4.14）。

图 5.4.14　庭院景观灯光效果

（1）室外灯具点位图

户外照明需考虑节能，因此，核心照明灯具选用了智能照明产品，非核心照明灯具也做了智能化控制，同时保留了对节日气氛的特殊照明需求（图 5.4.15）。

图 5.4.15　室外灯具点位

（2）室外静态灯光效果展示

室外静态灯光效果如图 5.4.16 所示。

图 5.4.16　室外静态灯光效果

考虑到景观照明的节能要求，设计师为餐厅的户外照明做了自动化控制，无须人工参与（图 5.4.17）。

17:00 —18:00，此时正处在傍晚时分，因此整体照明亮度控制在 70%，兼顾迎宾和节能效果。

18:00 —22:00 是主要营业时间，整体照明全部为 100% 亮度，营造良好的迎宾效果。

22:00 —次日 5:00，进入深夜模式，仅保留低亮的庭院灯，其他灯具关闭，节能效果最佳。

图 5.4.17　室外灯光节能场景效果

本案改造后的灯光实景如图 5.4.18 ~图 5.4.21 所示。

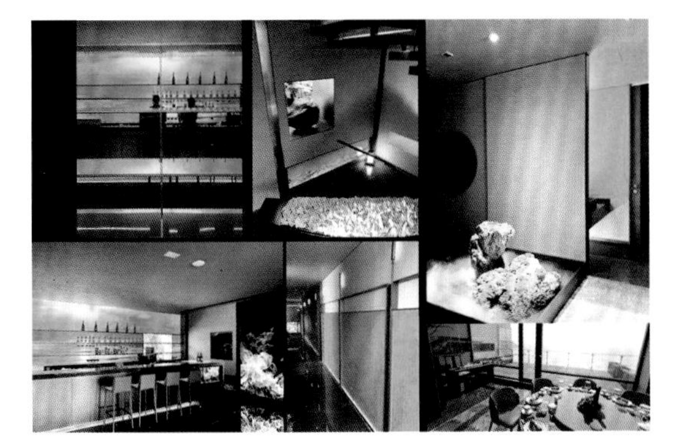

图 5.4.18　前台、走廊灯光实景

图 5.4.19　小包房、茶室灯光实景

图 5.4.20　大包房灯光实景

图 5.4.21 室外灯光实景

船歌宴八大关店的案例，验证了易来无线智能照明商用系统的高端照明实施能力和多场景照明应用优势，对于类似的高端餐饮、会所等项目可实现良好的成本控制与满意的程度效果。尤其是对于高端顾客的用户体验来说，智能化场景照明所营造出的极致光影体验是传统照明无法实现的。除此之外，此系统无论是在部署便捷性、施工成本、专业灯具还是使用稳定性上，都能满足高端商用的需求。

案例5 国有银行照明：交通银行青岛分行总部

项目背景

由于银行业对客户数据负有保护责任的特殊性，他们对智能化的安全性要求比其他行业更高。

交通银行青岛分行总部大楼（图 5.5.1）位于青岛市崂山区金家岭金融聚集区，由原国信金融中心大厦改建而成。大楼主体建筑面积为 19 000 m^2，由地上 19 层和地下两层组成，分别用于营业、办公、就餐、会议和停车等。

在项目改建之初，为了响应国家节能减排的号召，同时提升办公环境的舒适度，智能化成为改建方案的首选项。在综合考虑了各种有线和无线智能系统方案后，最终选择了基于无线蓝牙 Mesh 协议的易来商业照明 SaaS 平台解决方案。针对中央管理企业和金融业对于数据安全的严苛要求，本项目采用了部署本地服务器加接入客户私有云的方案，所有的设备均实现内网运行，将数据储存在银行的本地服务器中，对于一些需要手机或者外部控制的操作需求，通过客户的私有云和 APP 来实现，确保了绝对安全和灵活使用。

图 5.5.1　交通银行青岛分行总部大楼外景

改造前照明环境分析

前期汇报方案时，业主一直在有线系统和无线系统之间摇摆。以前类似的绿色办公项目绝大部分采用总线协议，总线协议的技术成熟，稳定性高，但是系统的复杂性导致除了前期的施工成本高之外，后期的维护成本也居高不下。从现代办公楼宇的能耗来分析，空调系统和照明系统的使用占了绝大部分的能耗。传统的总线系统对办公照明往往做简单的大回路控制，导致照明系统的节能效果不佳，而且对于长期办公的人员来说，传统照明的体验感和舒适性都欠佳，这也导致总线系统在节能和效率之间很难取得平衡。

基于以上原因，易来为业主提供了一套完整的基于无线蓝牙 Mesh 协议的商业照明解决方案。整个方案由本地服务器、蓝牙网关和智能设备（灯具、传感器、开关面板）组成。网关与网关及服务器之间使用网线通过交换机相连，确保枢纽节点之间的信息传输稳定、抗干扰，单个网关与智能设备之间使用蓝牙 Mesh 无线协议进行控制，极大地提升了设备部署的灵活度，而且无须复杂的布线（图 5.5.2）。

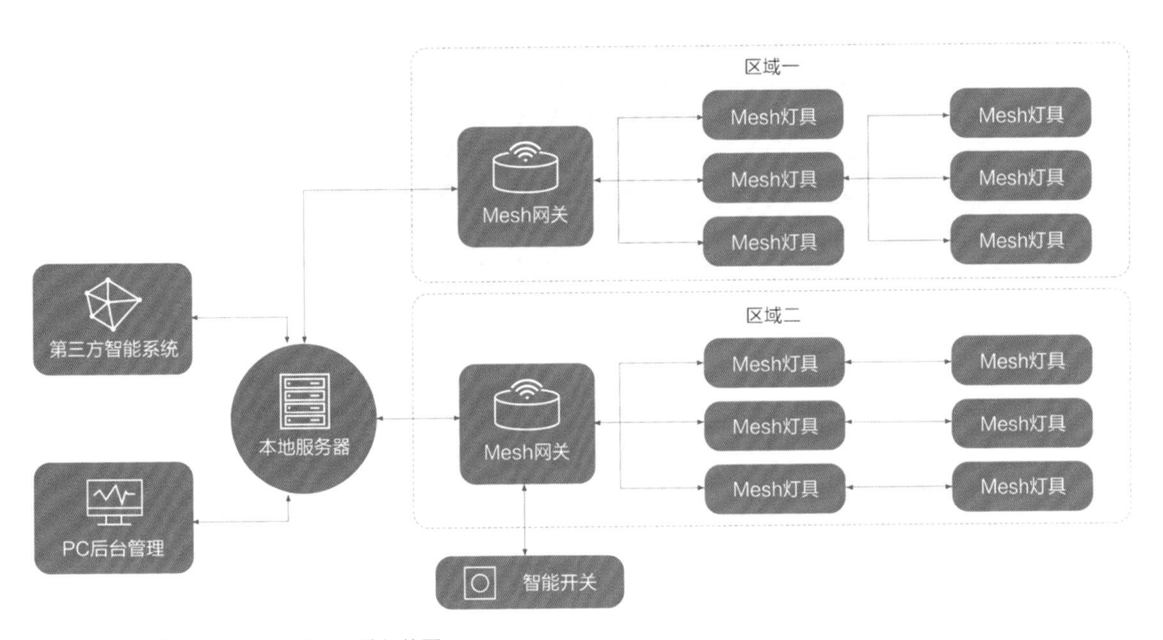

图 5.5.2　无线蓝牙 Mesh 协议的系统拓扑图

关于无线系统稳定性的争议，大量的已往案例和易来全球研发中心办公楼的长期稳定运行，打消了业主的顾虑。在采用智能照明系统后，办公照明的舒适性、节能性都有了极大的提升，真正实现了“以人为本”的绿色办公理念。智能化系统的本地部署也确保了数据的安全性，这对于政府、企业和一些特殊行业而言尤为重要。最终，业主选择了商用无线照明解决方案。

智能照明改造过程及改造后效果

（1）划分各楼层功能区，有针对性地设计照明方案

交通银行青岛分行总部大楼的楼层比较多，不同楼层的功能不同，对于灯光的控制需求也不同。在设计之初，先基于对功能的区分和智能调光的必要性，再进一步把楼层与楼层之间、同一楼层内区域和区域之间做了调光必要性分析（图 5.5.3）。对于需要长时间工作和具备多功能需求的区域，优先考虑设计智能照明；对于仅是短时间停留和功能单一的区域，考虑做智能控制。方案既满足了节能和舒适度要求，又考虑了业主的预算和必要性。

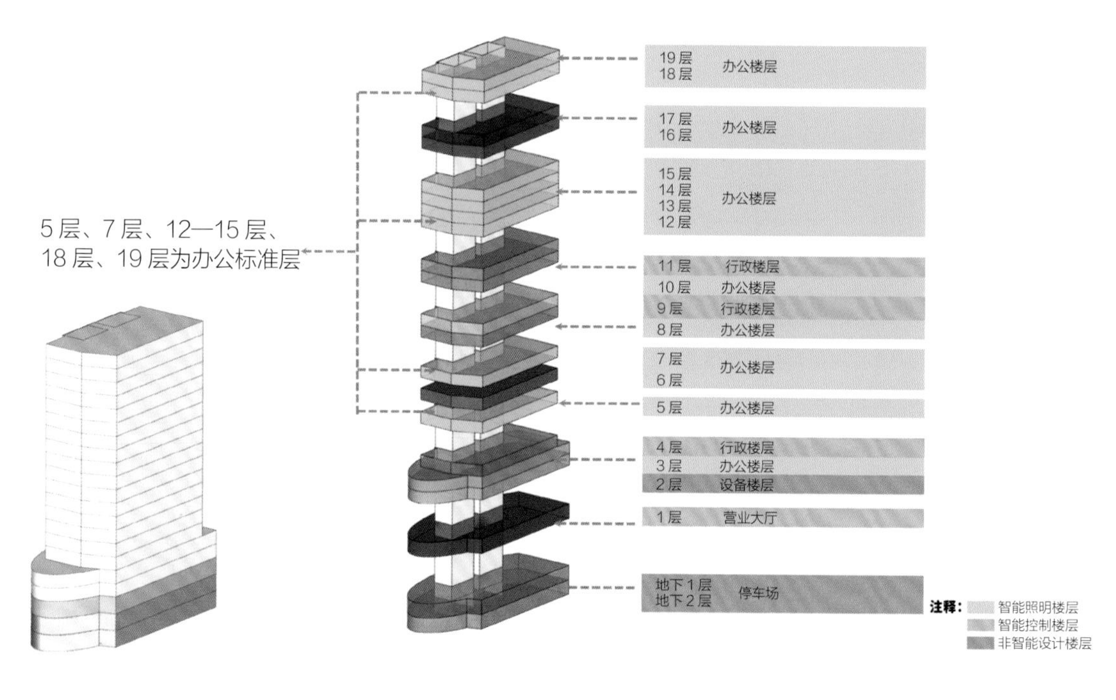

图 5.5.3　交行大楼的楼层功能分布

浅绿色的楼层是主要的办公区和会议楼层，员工需要长时间在此工作，对照明的舒适性和节能性都有更高的要求，需要通过智能灯具的调光控制来满足不同时段的照明需求。此外，对办公区的遮阳系统做了智能化控制，可以在避免白天过强日照的同时，优先采用自然光照明，有效降低日间耗电。

浅蓝色的楼层主要是营业大堂和食堂等单一功能区。一般情况下，工作人员在食堂只会做短暂或者固定时段的停留，所以从预算和必要性的角度，仅采用智能控制的方式，实现灯具回路的开闭，部分区域还做了传感器控制，做到人来灯亮、人走灯灭。一楼的营业大堂没有选择智能照明的原因是银行大堂属于对外服务场所，日间的明亮度是首先要考虑的，而营业结束后，基本不会有人在此办公，所以仅做了智能控制。

浅灰色的楼层是设备层和停车场。停车场已经采用了雷达感应灯实现节能，所以这几层没有做智能化设计。

（2）分区域设计灯光点位及灯具选型

在系统方案确定后，业主提供了项目设计图，通过对原始灯位的分析和模拟新的照明方案，确定总体方案的照明设计基本满足办公需求。但是对独立办公室的工作面照度设计值偏低，造成员工在处理纸质文件时会出现照度不足的情况。

由图 5.5.4 的对比可以看出，对于上部的 6 个独立办公室的照明，以前过于考虑整体环境照度而忽视了工作面的照度，主要是因为原方案使用的是平板灯，照度均匀但缺乏重点照明。所以，基于原方案的装修设计，将小办公室内的灯具换成了筒灯，并重新做了照度模拟（图 5.5.5）。

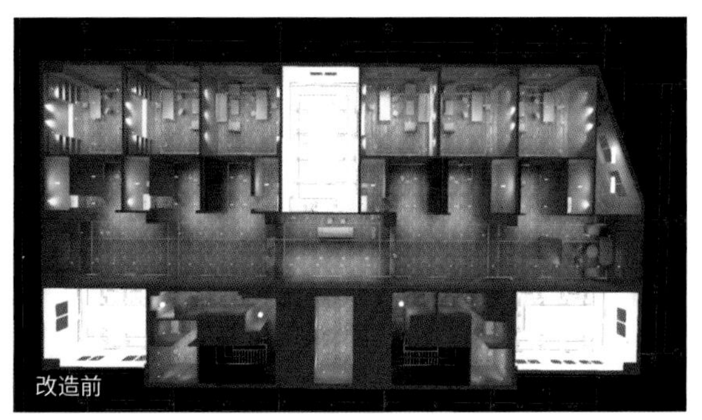

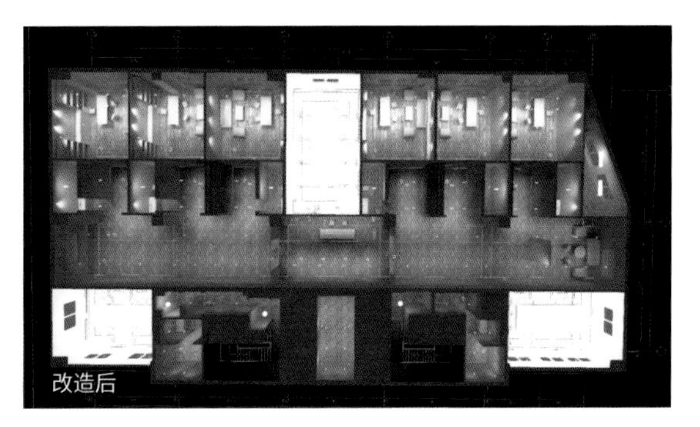

图 5.5.4　原始灯光点位调整前后模拟图对比

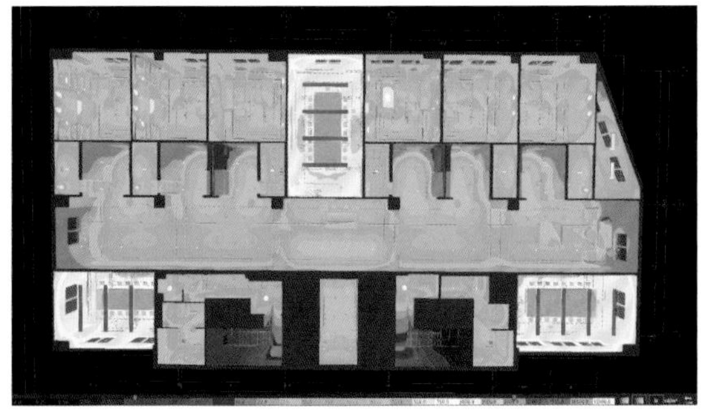

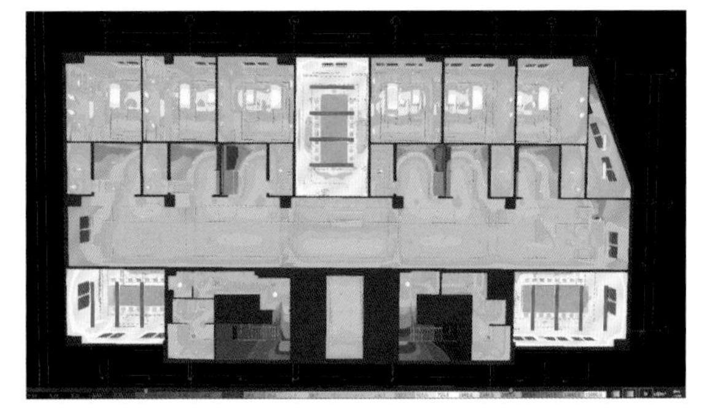

图 5.5.5　原始灯光点位调整前后伪色图对比

灯位调整后，用 DIALux 软件做了灯光模拟，可以看出在保持环境照度基本不变的前提下，对工作面的照度做了重点加强，这样会更符合银行员工办公的特点。经过和业主及装修公司的沟通后，对以前的照明方案做了优化（图 5.5.6、图 5.5.7）。

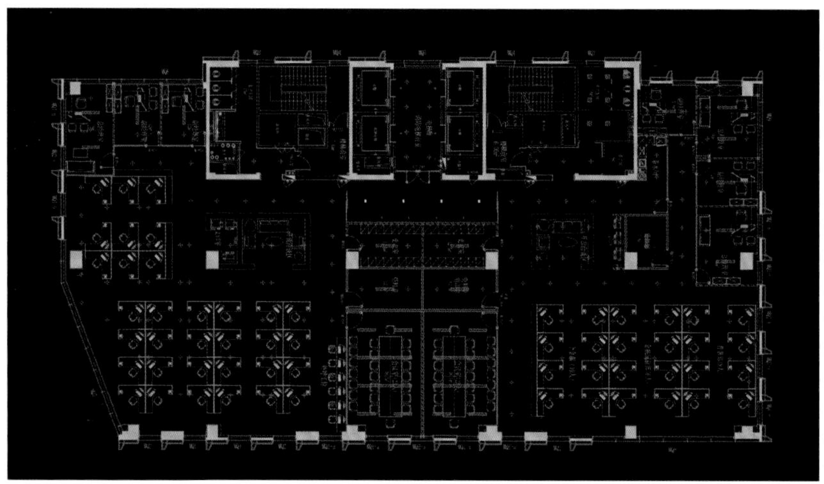

图 5.5.6　优化后的灯具点位图

图 5.5.7　优化后的灯光模拟图

优化完成之后，调整了原来会议室的灯具，也对部分办公区的照明做了重点加强，并对部分公共区域照明做了减灯处理，既满足了办公的舒适照明需求，又减少了不必要的能源浪费。优化完成后重新做了灯光模拟（图 5.5.8），照明效果及灯具选型得到了业主和装修公司的最终确认。

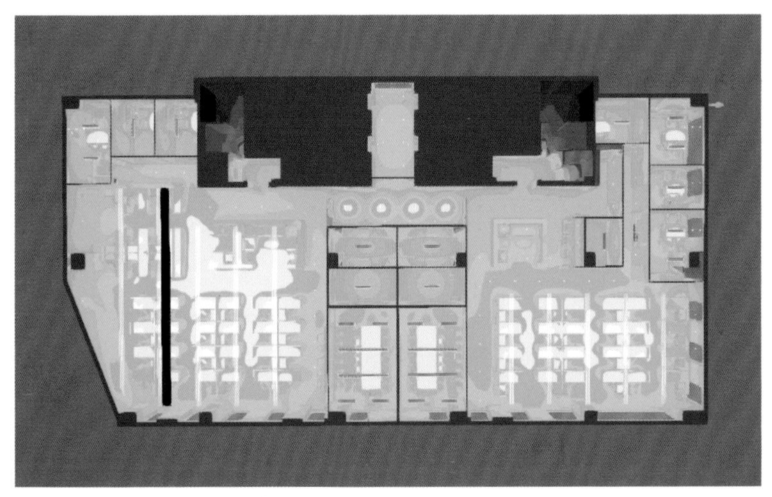

图 5.5.8 优化后的灯光伪色图

（3）分区域布置控制设备

确认完灯具点位后，下一步就是针对日常的使用布置传感器、控制面板。传感器采用了基于微波雷达原理的人在传感器。相比于传统的红外传感器，人在传感器可以更精准地检测到处于静止状态的人体，用在卫生间等空间内，可以有效避免上厕所时灭灯的尴尬，实现自动化灯光控制。控制面板要考虑员工的使用习惯，除每层的总控之外，还要在各单独区域布置面板，方便就近控制。

完成传感器和控制面板的布置后，还要基于楼体结构和面积布置网关。因为无线通信的穿墙性较差，所以要根据墙体的材质和厚度估算信号强度，然后根据功能区划分和合理布置网关的位置及规划单网关下的设备数量（图 5.5.9）。

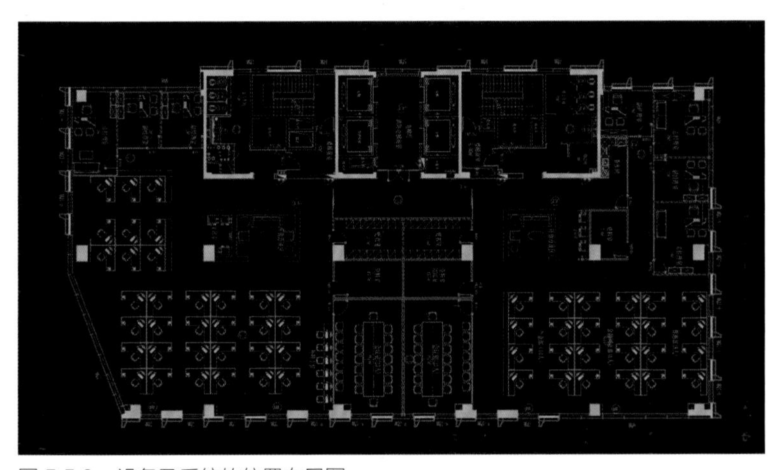

图 5.5.9 设备及系统的位置布局图

由于办公区每层的面积超过了 1000 m^2，有开放办公区，也有会议室和卫生间，因此，在卫生间和主通道部署了人在传感器（紫色标识），用于实现人在灯亮、人走灯灭的节能照明。在南向靠窗的位置放置了情景面板（蓝色标识），用于附近工位的员工控制遮阳窗帘的升降。本层一共用了 8 个蓝牙网关，两个卫生间因为混凝土墙体较厚，所以各部署了 1 个网关；两个会议室由于灯具较多，所以共用 1 个网关；其他公共办公区均匀分布了 5 个网关，确保了每个智能设备与网关之间的通信顺畅。

（4）灯光场景设计方案

日间照明：主要通过对智能遮阳帘和智能灯光的协调控制，采用日光照明为主、遮光补光为辅的照明方案，在工作日实现照明自动化控制。每天基于日照方向对不同区域的遮阳帘进行分区自动化控制，还根据日照强度差异做了夏季和其他季节的遮阳比设计。行政人员每天可以根据季节和当天的日照情况，执行不同的日间照明程序。同时，为靠窗的员工工位布置了控制遮阳帘的智能面板，可以调整工位处的日照强度。

夜间照明：傍晚时分，公共办公区的遮阳帘全部升起，灯光调整到较高的亮度；随着夜色的加深，通道区域的灯光逐渐调暗，直到每个楼层的最后一位员工离开后，由行政人员统一关闭该楼层的灯光。但仍保留传感器在工作，为安保人员在夜间巡视和深夜返回岗位的员工提供照明。

① 开放办公区日常灯光自动化设置（工作日）：

上午：灯光亮度 100%，色温 4000 K，清早唤醒员工活力，开始上午的工作。

中午：灯光亮度由 100% 调整到 10%，色温降低到 2700 K，便于员工午休。

下午：灯光亮度在 1 min 内缓慢提升至 100%，色温同步提高到 5000 K，偏冷色温便于激发员工活跃性，保持下午的工作状态。

下班模式：灯光亮度降低到 70%，色温调整回 4000 K，提醒员工下班时间已到，区域内最后一位离开的员工关闭本区的灯光。

深夜模式：走廊和电梯厅等公共区域的照明亮度随时间分段下降，加班员工可通过个人工位调整灯光亮度及色温。

② 会议室灯光场景设置：

会议模式：灯光亮度 100%，色温 4000 K，明亮的灯光氛围方便会议的进行。

视频模式：灯光亮度 50%，色温 4000 K，适当降低环境照度，让注意力集中到屏幕之上。

讨论模式：灯光亮度 100%，色温 5500 K，较冷的灯光能够让人保持冷静，提高讨论的效率。

节能模式：灯光亮度 10%，色温 4000 K，会议结束后，感应器感应到无人移动就会切换此模式，节约能源。

（5）商用 SaaS 系统介绍

交通银行青岛分行总部大楼的智能化办公，在提高了照明舒适度的前提下，还降低了照明的能耗。总共 18 层的智能化楼层内，共计使用了 112 个网关，实现了 3273 个智能设备的本地稳定控制，试运行期间即初步实现了 22% 的节能。商用智能照明如果没有一个方便、易管理的系统，后期的管理和运维投入将成为智能化的负担，所以商用 SaaS 系统非常重要（注：出于对客户数据和隐私的保护，本项目无法公开更多的现场照片和运营数据，仅以易来自用的 SaaS 后台做展示）。

系统看板上，设备数量、在线率、使用率及离线故障率一目了然，可以根据各个区域不同时间段的使用情况来分析能耗，并测算出整个系统的节能比例，实现现代办公效率和绿色环保的双提升（图 5.5.10）。

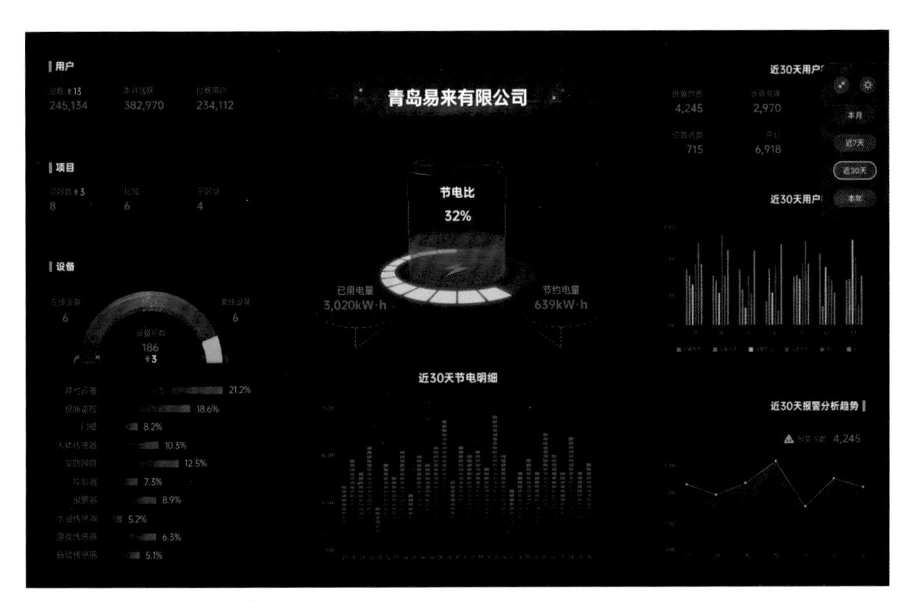

图 5.5.10　易来办公室的 SaaS 看板

整个系统下的总体运行数据和各分区的运行数据，包括设备总数及在线状态、情景模式总数及日触发量、自动化数量及日触发量、报警消息数量等都可以在系统看板上显示（图 5.5.11）。

Yeelight Portal - 易来 Pro-易来智能商业照明系统

首页
项目管理
组织管理
项目列表
账号管理
用户组管理
用户管理
数据监控
报警监控
用户操作
能源管理
报警明细

组织

设备总数 355　在线 321　离线 9.6%
情景模式 14　日触发量 0
自动化配置 53　日触发量 0
报警通知 100　报警数 133　忽略 0

项目名称	设备总数	网关	区域/子区域	情景	所有人	操作
14楼办公区	316	4	1 / 23	0		
10楼办公室	33	1	1 / 2	9		
青岛办公室	0	0	1 / 0	0		编辑　管理
展会数据监控展示项目	0	0	1 / 0	0		
小米之家广州店	0	0	1 / 2	0		编辑　管理
QA测试	1	0	2 / 4	2		
xx Mall商照项目	0	0	4 / 6	2		编辑　管理

图 5.5.11　易来办公室的 SaaS 看板

通过看板，可以分析具体日期的整体能耗及区域能耗，为系统长期运行下的持续优化、节能效果提供数据支持（图 5.5.12）。

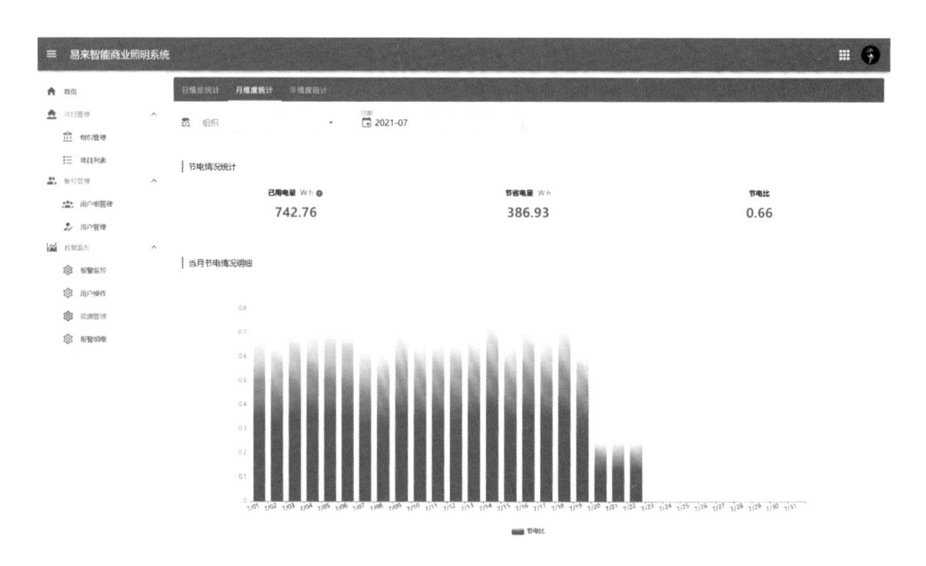

图 5.5.12 商用 SaaS 系统的节能数据看板

对出现异常的设备系统会及时上报，运维人员可以通过该看板实时了解到系统内的设备运行情况，并可以快速定位故障设备，及时排除故障（图 5.5.13）。

易来智能商业照明系统

首页　项目管理　组织管理　项目列表　账号管理　用户组管理　用户管理　数据监控　报警监控　用户操作　能源管理　报警明细

组织　项目信息　设备名称　设备ID　查询　重置

批量忽略

ID	项目信息	设备名称	警报类型	状态	触发时间	操作
208320	10楼办公室 - 创新园B座 - 10楼 - 办公区	L04	设备离线	未处理	2021-08-18 22:08:58	忽略
208304	10楼办公室 - 创新园B座 - 10楼 - 办公区	L05	设备离线	未处理	2021-08-18 22:06:35	忽略
208303	10楼办公室 - 创新园B座 - 10楼 - 办公区	L08	设备离线	未处理	2021-08-18 22:06:16	忽略
208301	10楼办公室 - 创新园B座 - 10楼 - 办公区	L09	设备离线	未处理	2021-08-18 22:05:41	忽略
208294	10楼办公室 - 创新园B座 - 10楼 - 办公区	L06	设备离线	未处理	2021-08-18 22:05:22	忽略
205360	10楼办公室 - 创新园B座 - 10楼	测试	设备离线	未处理	2021-08-18 16:36:28	忽略
201958	10楼办公室 - 创新园B座 - 10楼 - 办公区	L04	设备离线	未处理	2021-08-18 01:30:30	忽略
201957	10楼办公室 - 创新园B座 - 10楼 - 办公区	L06	设备离线	未处理	2021-08-18 01:30:20	忽略
201955	10楼办公室 - 创新园B座 - 10楼 - 办公区	L09	设备离线	未处理	2021-08-18 01:28:47	忽略
201954	10楼办公室 - 创新园B座 - 10楼 - 办公区	L02	设备离线	未处理	2021-08-18 01:28:13	忽略

共 94 条　每页条数：10　1 2 3 4 5 6 7 8 9 10

图 5.5.13 商用 SaaS 的设备运维看板

除 PC 端后台之外，系统还提供基于公有云或者私有云的 APP，可自主设置用户权限，打通企业 OA 系统，实现员工对权限范围内设备的精确控制（图 5.5.14）。

易来商照SaaS包括
两大核心软件产品

易来商照App

专为商业照明场景打造，连接照明、电工、传感、控制器、智能家电等终端设备，提供项目管理、区域管理、设备管理、群组控制、智能联动、能源监控、维保服务等丰富功能，轻松打造智能商照控制端

图 5.5.14　商用 SaaS 系统的 APP 端界面

交通银行青岛分行总部大楼的案例验证了易来无线智能照明商用系统可以完全通过本地化部署确保客户数据的安全性，同时还能提升办公照明的舒适度，并有效实现系统化节能，让绿色和高效办公低成本、大规模地应用。好的无线智能系统除了具备部署灵活、成本低和易维护等特点，通过强大的技术研发和系统科学部署，还可以做到极高的稳定性。除为政府、军队、学校和金融机构等客户部署完全本地化的封闭系统外，也可以为大型企业部署基于私有云的系统，实现智能照明系统和手机 APP 之间的畅通连接。对于广大中小型企业来说，可以采用公有云系统，节省系统的运营维护成本。

案例6 企业展厅照明：茅台文化馆

项目背景

茅台酒作为中国传统特产酒，与苏格兰威士忌、法国科涅克白兰地并称世界三大蒸馏名酒。本项目希望通过具有科技感的照明设计，在传统中映射出现代的智能感。

茅台文化馆（图 5.6.1）位于青岛市市南区银川西路，地处市南区东部的成熟高档生活居住区，与青岛浮山森林公园相邻，周边环境优越，交通十分便利。其所处的中海银海一号全优 Living Mall（一号白金商街）是规模超过 20 000 m^2 的综合性商业街。项目面积约为 1500 m^2，共计三层，一层为原料展示及发展历史介绍，二层为酒品展示区与吧台休闲区域，三层为办公区域及会客就餐包房。

图 5.6.1 茅台文化馆大堂实拍

改造前照明环境分析

本项目的设计目的是通过灯光来强化文化馆的社交休闲功能。文化馆内可以设置名酒文化展览交流中心，打造年代酒的品鉴收藏体验馆，开发曲水流觞宴等主题功能区，并通过灯光的变换营造酒文化交流氛围，塑造全新的文化互动模式，把文化馆参观活动升华为一种生活艺术、一种生活方式、一种社交休闲。因此在灯光设计时，需满足以下几点：

① 满足视觉效果；
② 用恰当的光、色、温表达空间独特而新颖的特质；
③ 用适宜的照度塑造出舒适、有节奏的光环境；
④ 营造有益于身心健康的光环境；
⑤ 利用光传递情感，创造意境，赋予空间更多价值；
⑥ 打造与室外空间设计相契合的室内照明；
⑦ 合理的节能照明提供高效的经济回报。

智能照明改造过程及改造后效果

（1）一楼重点区域照明

茅台文化馆的一楼主要是公共展示区。设计师除了要对大厅和接待区的灯光进行精细设计，从接待大厅开始，围绕原料、工艺、历史、荣誉和展品区这条参观动线进行灯光设计也很重要。因为人具有趋光性，所以针对重点客户的接待和讲解，可以配合区域灯光的亮暗实现参观动线的迁移，让人随光动（图 5.6.2）。

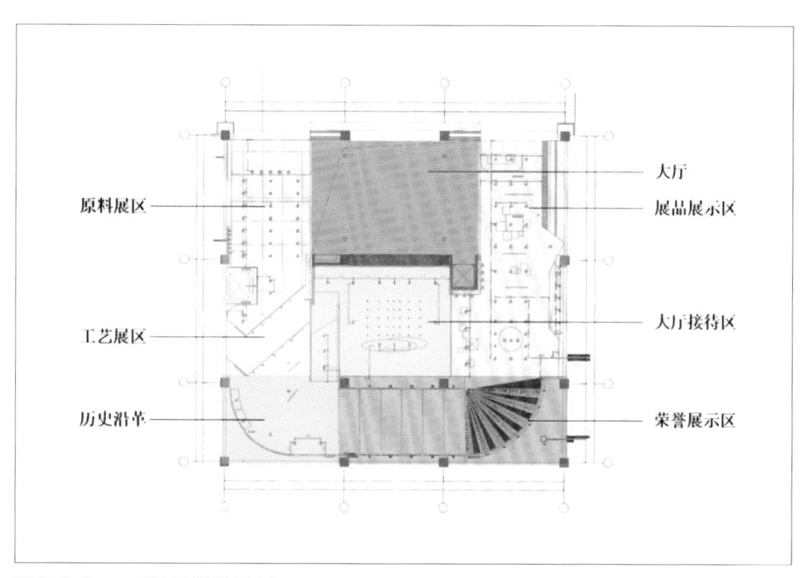

图 5.6.2　一楼平面灯光点位

（2）大厅照明

大厅作为弘扬整个文化馆主题的有效载体，要满足人们对高层次视觉审美的需求，注重文化内涵的体现，让来访的客人领悟到一些更为深刻的意蕴，获得感情上的升华。因此，在灯光上需要整洁明亮，给人以通透的感受（图 5.6.3、图 5.6.4）。

图 5.6.3　一楼大厅灯光效果

图 5.6.4　一楼大厅灯光伪色图

① 灯具点位布置：

环境照明：嵌入式筒射灯。因层高较高，所以使用功率为 20 W 的灯具，在吊顶造型的居中处进行下照，使整个大厅给人以宽敞明亮的感觉。

重点照明：明装筒射灯。装于大厅四根通顶圆柱两侧，进行对圆柱的着重照明，增加柱子的层次感，使其有高耸的既视感。

氛围照明：嵌入式灯带。将灯带贴于型材内，并将型材嵌入木作木方内，通长的灯带向中间进行洗墙，有效延伸视觉效果，并使顶面不再黑暗。

② 灯光场景搭配：

参观模式：所有灯具以高亮度、低色温的状态开启。温暖明亮的灯光氛围能够让客人感受到舒适与热情，明亮的灯光环境能够照亮人们的面部，更适合交流。

休闲模式：灯光亮度 50%，色温 5000 K，保持清爽氛围。

节能模式：灯光亮度 10%，色温 4000 K，参观结束后即切换至此模式，节约能源。

清扫模式：将全部射灯打开 100% 亮度，色温 5000 K，视野清晰，适合客人离场后清扫整个展馆。

（3）原料展区照明

原料展示区主要展示茅台镇的岩石、水源、地质等信息，也包括一些生产视频，主要区域照明设计以软膜天花灯带、嵌入式筒射灯及偏光洗墙灯为主（图 5.6.5）。

图 5.6.5　一楼原料展区灯光效果

① 灯具点位布置:

环境照明：嵌入式筒射灯。嵌入式筒射灯进一步照亮地面，在只开启筒射灯的条件下即可给整个空间营造温馨感。

重点照明：偏光洗墙灯。将光源均匀打在展柜上，把展柜物品清晰照亮，光线自然柔和。

氛围照明：嵌入式筒射灯。展柜内选用光束角 24° 及 7 W 的小功率嵌入式射灯，主要投射在下方展示的岩石等原料之上，在全黑的柜中尤为凸显，可使参观者注意力集中于此。

氛围照明：灯带。天花上的灯带照亮主体区域，天花软膜内灯带根据软膜高度按比例排布，使其均匀照亮。

② 灯光场景搭配:

参观模式：开启全部灯具，吊顶灯带灯光亮度为 10% 微光，色温 4000 K；开启嵌入式筒射灯，灯光亮度 100%，色温 3000 K；开启嵌入式偏光洗墙灯，灯光亮度 100%，色温 3000 K；开启柜内的嵌入式筒射灯，色温 4000 K（非易来产品），灯光层次分明。

节能模式：灯光亮度 10%，色温 4000 K，参观结束后即切换至此模式，节约能源。

清扫模式：开启嵌入式筒射灯，灯光亮度 100%，色温 6000 K，便于清扫。

（4）荣誉展区照明

荣誉展区主要展示企业所取得的各项荣誉，同时展示了企业历史的变迁。此区域大量使用嵌入式灯带设计，营造出时光隧道般的氛围，通过各个时期的荣誉展示，将参观者带入不同时空（图 5.6.6）。

图 5.6.6　一楼荣誉展区灯光效果

① 灯具点位布置：

环境照明：灯带。天花软膜内灯带根据软膜高度按比例排布，使其均匀照亮环境。

重点照明：嵌入式筒射灯。柜内的嵌入式筒射灯着重照亮柜内物品。

氛围照明：嵌入式灯带。嵌入式灯带进行墙顶面衔接设计，营造出时光隧道的氛围感。

② 灯光场景搭配：

参观模式：开启墙顶面灯带，灯光亮度 50%，色温 3500 K；开启软膜天花内灯光，亮度 50%，色温 3500 K，营造较为昏暗的沉浸式氛围。

休闲模式：顶面灯光亮度 50%，色温 3000 K；软膜天花灯带亮度 70%，色温 5000 K。

节能模式：灯光亮度 10%，色温 4000 K，参观结束后即切换至此模式，节约能源。

清扫模式：开启顶部及软膜天花内灯带，灯光亮度 100%，色温 6000K，使展区内清晰明亮，便于清扫。

（5）展品展示区照明

因为展示区的展品需要经常采用可移动的展出方式，所以将顶部射灯设计为可调角度的明装射灯，灵活性更强，方便根据展品的移动进行灯头的调整（图 5.6.7）。

图 5.6.7　一楼展品展示区灯光效果

① 灯具点位布置：

环境照明：明装可调角度的筒射灯。可更方便地调整角度，使光线照射在所需照射的展品上。

重点照明：嵌入式象鼻灯。重点投射酒品展品，增加展品对空间的装饰作用。

氛围照明：灯带。两个造型灯带起到了拉伸空间的作用，使整个空间有了延伸感。

② 灯光场景搭配：

参观模式：开启全部灯具，明装可调角度的射灯，灯光亮度 100%，色温 4000 K；开启嵌入式象鼻灯，灯光亮度 80%，色温 4000 K；开启嵌入式灯带及硅胶软灯带，灯光亮度 80%，色温 4000 K，使整体空间达到色温统一，因其空间均为白色，反光性较强，所以亮度不宜过高。

节能模式：灯光亮度 10%，色温 4000 K，参观结束后即切换至此模式，节约能源。

清扫模式：开启顶部明装的可调射灯，灯光亮度 100%，色温 6000 K，使展区内清晰明亮，便于清扫。

（6）二楼重点区域照明

茅台文化馆的二楼主要对重点客户开放，核心区域除休闲区外，均为酒品的陈列展示区，主要用于产品陈列、介绍和销售。因此，除了要打造好休闲区，对展示区的灯光效果也要精心设计，突出展品的尊贵和品位（图 5.6.8）。

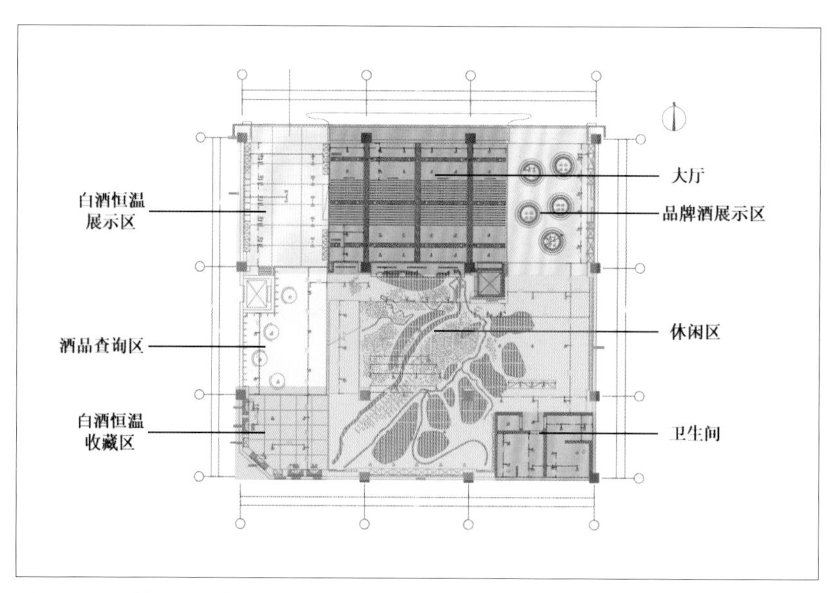

图 5.6.8　二楼平面灯光点位

（7）休闲区照明

休闲区中心为吧台区域，可进行饮食、休闲、洽谈，功能性较强。基于其中比较丰富的灯具种类，其场景搭配也是灵活多变的。因此，设计师选用了大量的彩光灯带，营造出不同的灯光氛围（图 5.6.9、图 5.6.10）。

图 5.6.9　二楼休闲区灯光效果

图 5.6.10　二楼休闲区灯光伪色图

① 灯具点位布置：

环境照明：嵌入式筒射灯。根据家具摆放进行沙发上方、茶几上方区域的投射。

重点照明：嵌入式筒射灯。重点投射洽谈桌及吧台，同时为整个吧台提供一定的整体照明，高显色指数还原最真实的色彩。

氛围照明：RGBW 灯带。可动态变换，增加空间场景多样性，渲染休闲氛围。

② 灯光场景搭配：

参观模式：开启全部灯具，嵌入式筒射灯的灯光亮度 100%，色温 3000 K；柜内灯带的灯光亮度 60%，色温 3000 K，光线层次分明。

节能模式：灯光亮度 10%，色温 4000 K，参观结束后即切换至此模式，节约能源。

清扫模式：开启顶部的嵌入式筒射灯，灯光亮度 100%，色温 6000 K，使展区内清晰明亮，便于打扫。

小酌模式：开启吧台上方的嵌入式筒射灯，灯光亮度 50%，色温 3000 K；开启顶部的 RGBW 灯带，流光溢彩，为整个吧台区域营造出酣聊畅饮的氛围。

（8）白酒恒温收藏区照明

此区域主要用于收藏和展示白酒，每个墙面造型中都会摆放一瓶酒品。进行灯光设计时，考虑重点要集中于酒瓶处，整体空间营造较为昏暗的氛围，使展品层次更加突出（图 5.6.11）。

图 5.6.11　二楼白酒恒温收藏区灯光效果

① 灯具点位布置：

环境照明：嵌入式筒射灯。顶部中间为茅台标志投影，四周使用 4 个大尺寸嵌入式筒射灯，在地面上打出光斑，使整个空间的亮度得到保证。

重点照明：嵌入式筒射灯。每个酒瓶造型的上方均设计两个嵌入式筒射灯，可小范围调整灯头角度，将光源打在大酒瓶造型中的小酒瓶上，进行重点投射。

氛围照明：灯带。墙面酒瓶造型后均布设灯带，将墙面大酒瓶造型打亮的同时又不至于喧宾夺主。此区域内亮度均匀是基本的要求，造型中间的墙面上有层板灯带，向内打光，将红色背板洗亮，层次分明。

② 灯光场景搭配：

参观模式：开启全部灯具，嵌入式射灯的灯光亮度 100%，色温 3000 K；墙面酒瓶造型灯带的灯光亮度 70%，色温 5000 K；墙面层板灯带的灯光亮度 80%，色温 3000 K，冷暖搭配，层次分明。

展示模式：关闭射灯，开启墙面灯带，灯光亮度 100%，色温 6500 K，配合投影灯呈现白酒高品质的效果。

节能模式：全部灯光亮度 10%，色温 4000 K，参观结束后即切换至此模式，节约能源。

清扫模式：开启中间的大尺寸射灯，灯光亮度 100%，色温 5000 K，使区域内明亮清晰，便于打扫。

（9）品牌酒展示区照明

在此区域，展架与展台上方会放置酒品进行展示，因层高较矮，所以在灯光设计上不宜过多，主要用于重点强调及投射（图 5.6.12）。

图 5.6.12　二楼品牌酒展示区灯光效果

①灯具点位布置：

环境照明：嵌入式偏光洗墙筒射灯。在展柜上方设计嵌入式 45° 偏光洗墙筒射灯，将光源均匀打在展柜上，既不会出现光斑，又可以把展柜物品清晰照亮，光线自然柔和。

重点照明：嵌入式筒射灯。展台上方（小碗底部）设计 Φ45 开孔的嵌入式射灯，用于着重投射下方展台及地面。

氛围照明：展台勾边灯带。3 个展台的首层上方及下方均设计勾边灯带，对展台进行氛围强调，既不抢眼，又可将参观者目光吸引至此。

②灯光场景搭配：

参观模式：开启嵌入式筒射灯，灯光亮度 100%，色温 3000 K；开启灯带，灯光亮度 50%，色温 4000 K，整体空间重点明确。

展示模式：开启射灯，灯光亮度 5%，色温可根据用户需求确定；开启台上灯带，灯光亮度 100%，色温 5500 K，形成上照效果，更好地展示玻璃制品。

节能模式：灯光亮度 10%，色温 4000 K，参观结束后即切换至此模式，节约能源。

清扫模式：将嵌入式筒射灯开启，灯光亮度 100%，色温 5000 K，使区域内明亮清晰，便于打扫。

（10）三楼重点区域照明

茅台文化馆的三楼以办公和商务接待功能为主，除俱乐部之外，其他区域不对外开放。因此，灯光设计上要突出办公的需求和商务接待的私密性，而俱乐部则要考虑 VIP 客户的休闲和洽谈需求（图 5.6.13）。

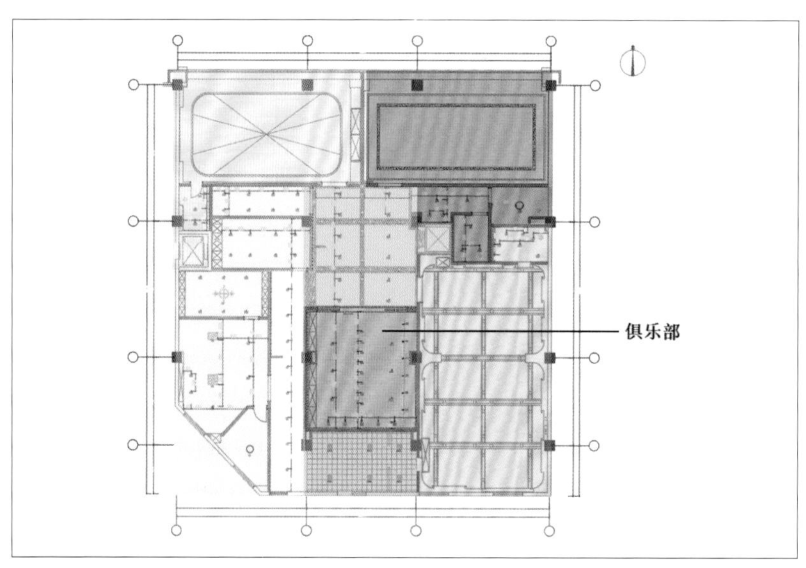

图 5.6.13　三楼平面灯光点位

（11）俱乐部照明

此区域为品鉴茅台酒、畅聊书法与艺术的富有情调的空间。在灯光设计中，不同的变化幅度会造成不同的空间感受，所以低、中、高区需分别使用不同款式的灯具去营造氛围。在设计时应强调主次，同时注重设计元素的变化，使用软膜天花、轨道射灯、灯带以及地埋灯，丰富照明设计的层次（图 5.6.14）。

图 5.6.14　三楼俱乐部灯光实景

① 灯具点位布置：

环境照明：软膜灯箱（内配灯带）。将灯带与天花高度等比例地进行排列，并使照度达到均匀，亮度不宜过高，主要可以将灯具下方的水滴形吊坠均匀打亮。

重点照明：轨道射灯。因后期墙面上会增加挂画，并且会添置书法桌，所以利用轨道射灯进行墙面及桌面的重点投射。

氛围照明：地埋灯。增加空间氛围感，视觉上起到拉伸空间高度的作用，营造出自然和谐的氛围。

② 灯光场景搭配：

品酒模式：软膜天花灯带亮度 70%，色温 3000 K；开启柜内灯带及地埋灯，轨道射灯可关闭，整体空间温馨明亮，光线较为集中，可使人进入酒的世界。

节能模式：灯光亮度 10%，色温 4000 K，品酒赏析离场后即切换至此模式，节约能源。

清扫模式：将软膜天花灯带开启，灯光亮度 50%，色温 5000 K，使区域内明亮清晰，便于打扫。

赏析模式：开启轨道射灯，射灯亮度 100%，开启柜内灯带，色温可根据需求调节，氛围静谧，适合赏析。

茅台文化馆是个典型的企业展馆加高端会所的综合体项目，且具有多区域、多功能性，它验证了易来无线智能照明商用系统的多类型灯具设计和交付能力，各区域内精心打造的灯光场景也充分满足了展示、洽谈、活动、清洁和节能等多种需求。对于有长动线的企业展厅来说，在接待单一访客或重量级访客团的时候，利用智能照明的光影动线来配合讲解动线，更加有助于增加讲解人员与参观者的仪式感和互动性，利用光影来分割空间，可提升接待的水准和科技感。